Elke Krasny lebt und arbeitet als Kulturtheoretikerin, Autorin und Ausstellungsmacherin mit ihren drei Kindern in Wien. Sie unterrichtet Kulturpädagogik an der Akademie der bildenden Künste Wien. Sie arbeitet auch für Museen und denkt sich Kunstprojekte aus.

Sybille Hein wurde 1970 in Wolfenbüttel geboren und studierte an der Fachhochschule für Gestaltung in Hamburg Illustration. Seit 1999 illustriert sie Kinderbücher und zeichnet für Magazine und Frauenzeitschriften.

Moidi Kretschmann wurde 1963 in Wien geboren und studierte an der Hochschule für Gestaltung in Linz. Sie arbeitete als Mode- und Kostümdesignerin in Paris, Berlin und Wien.

Elke Krasny

Warum ist das Licht so schnell hell?

Eine Reise durch die Welt des Lichts

Herausgegeben vom Technischen Museum Wien
Mit farbigen Illustrationen von Sybille Hein
und Moidi Kretschmann

NP

Fischer Taschenbuch Verlag

Inhalt

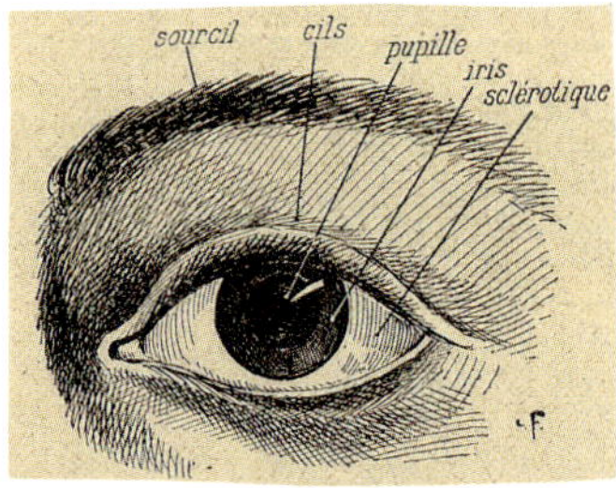

1.

Was ist das Licht?

Wo kommt draußen das Licht her?

Wo kommt drinnen das Licht her?

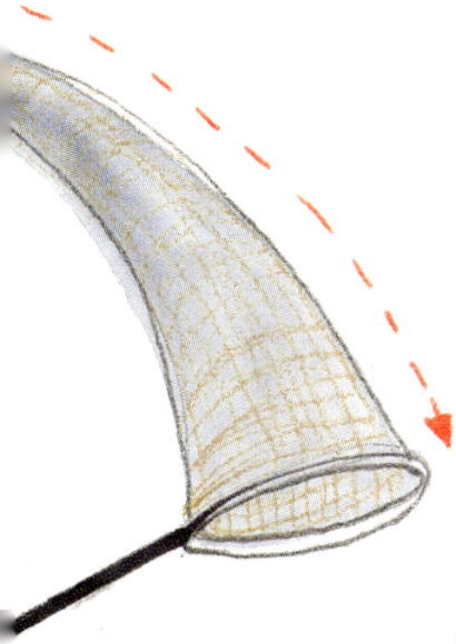

2.

3.

Grünes Licht für etwas.

Heißt:

Du kannst mit einer Sache so weitermachen wie geplant.
Der Ausdruck kommt vom grünen Licht der Ampel.

Du treibst mich zur Weißglut.

Heißt:

Du machst mich total wütend.

Du bist ein Irrwisch.

Heißt:

Du saust wie wild durch die Gegend, hüpfst auf und ab und bist höchst energiegeladen. Irrwischflämmchen ist ein anderes Wort für Irrlicht.

Geh mir aus der Sonne.

Heißt:

Lass mich in Ruhe. Verstelle mir nicht den Blick.
Um das Leben des griechischen Philosophen Diogenes von Sinope ranken sich viele Anekdoten. Diogenes wurde um 400 vor Christus geboren. Er führte ein ganz einfaches Leben, wohnte angeblich in einem Fass und kritisierte seine Mitmenschen. Alexander der Große fragte ihn einmal nach seinem größten Wunsch. Aber er sagte nur: Geh mir aus der Sonne ...

Was ist das Licht?

Was passiert, wenn das Licht ausgeht? Es ist Zeit zum Schlafengehen. Plötzlich gehen alle Lichter aus. Ein Kurzschluss. Ratlos stehen wir im Dunkeln und beginnen langsam durch die finstere Wohnung zu tappen. Mama und Papa suchen nach einer **Taschenlampe.** Endlich haben sie die Taschenlampe gefunden und können den Schalter im Sicherungskasten umlegen. Das Licht geht an. Plötzlich können wir wieder sehen, aber das starke Licht macht uns blinzeln. Die Augen müssen sich erst an die Helligkeit gewöhnen.

Ohne Licht sehen wir gar nichts. Nicht einmal die eigene Hand vor den Augen. Ohne Licht wüssten wir nicht, wann wir in der Früh aufstehen müssen. Ohne Licht könnten wir nicht unter der Bettdecke lesen, und ohne Licht wäre es auf der Erde kein bisschen bunt. Das Licht macht die Farben. Das Licht macht Licht und Schatten. Aber es lässt sich nicht einfangen und nicht angreifen.

Taschenlampe

Die meisten Taschenlampen haben einen Griff aus Kunststoff zum Halten. In diesen Griff kann man die Batterien einsetzen. Vorne haben die Taschenlampen eine durchsichtige Scheibe aus Kunststoff, hinter der sich die Leuchtquelle, eine kleine Glühbirne, befindet. Heute werden immer mehr Taschenlampen erzeugt, die keine Glühbirne mehr haben, sondern mehrere Leuchtdioden, auch LEDs genannt.

Licht wird als elektromagnetische Welle beschrieben. Das für uns sichtbare Licht ist der Teil der elektromag-

Lichtschalter

netischen Strahlung, den unsere Augen wahrnehmen können. Elektromagnetisch ist der Begriff, den man für alle elektrischen und magnetischen Erscheinungen, die Wirkungen von elektrischen Strömen und magnetischen Feldern, verwendet. Dass wir die Lichthelligkeit oder verschiedene Farben wahrnehmen, hat mit der unterschiedlichen Frequenz, der unterschiedlichen Wellenlänge der elektromagnetischen Strahlung, zu tun. Der gesamte Frequenzbereich der elektromagnetischen Wellen heißt elektromagnetisches Spektrum. Dieses Spektrum reicht von den energiearmen langen Wellen, den Radio-

wellen, bis zu den energiereichsten kurzwelligen Gammastrahlen. Ein kleiner Bereich dieses gesamten Spektrums ist der Bereich des sichtbaren Lichts, zwischen violett und rot.

Woraus besteht das Licht?

Vor mehr als 200 Jahren führte der englische Arzt Thomas Young ein Experiment durch. Er wollte wissen, woraus das Licht besteht. Young spannte zwei flache Schirme auf und stellte sie hintereinander. In den vorderen Schirm machte er zwei Schlitze. Dann ließ er einen Lichtstrahl auf den ersten Schirm fallen. Zu seiner Überraschung leuchteten auf dem zweiten Schirm helle und dunkle Streifen auf. Das Licht aus diesen beiden Schlitzen verstärkte sich. So wie wenn du zwei Steine gleichzeitig ins Wasser wirfst, dann werden die Wellen stärker. Aus diesem Experiment zog Young den Schluss, dass das Licht aus Wellen besteht.

Das Besondere am Licht ist, wie sich die Wellen fortbewegen können. Die Wasserwelle braucht das

Wir können nur einen kleinen Teil des Spektrums der elektromagnetischen Wellen sehen

Wellenlänge

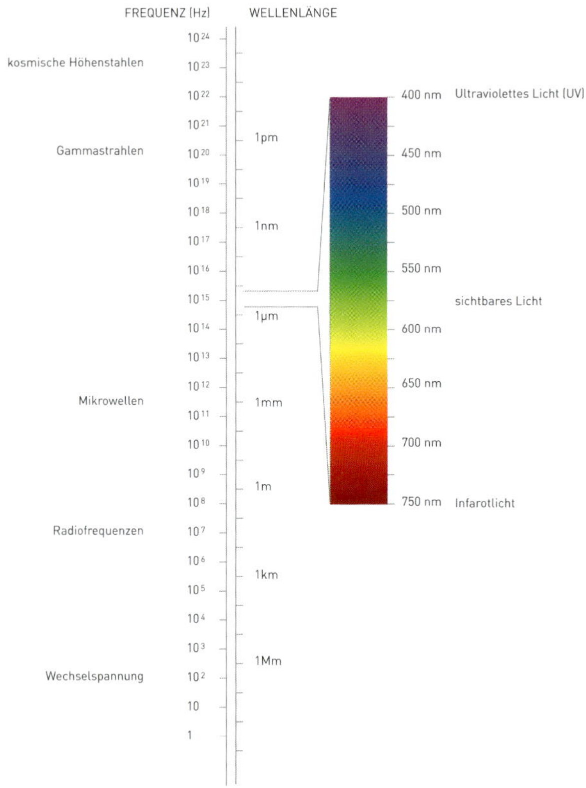

Wasser, um Wellen zu schlagen. Die Schallwelle braucht die Luft, um an unsere Ohren zu gelangen. Aber die elektromagnetischen Wellen des Lichts brauchen das alles nicht. Sie können sich im absolut leeren Raum weiterbewegen. Unsere Augen können diese Wellen sehen, weil sie spezielle Zellen auf der Netzhaut haben, die auf bestimmte Wellenlängen des Lichts reagieren. Licht ist daher der für den Menschen sichtbare Teil der von der Sonne und anderen Sternen ausgesendeten Strahlung.

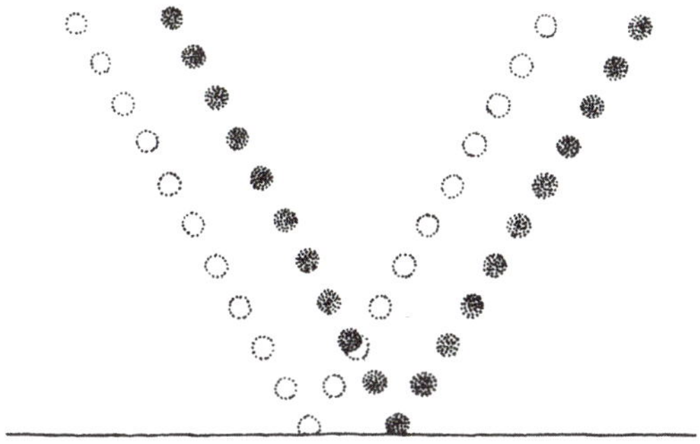

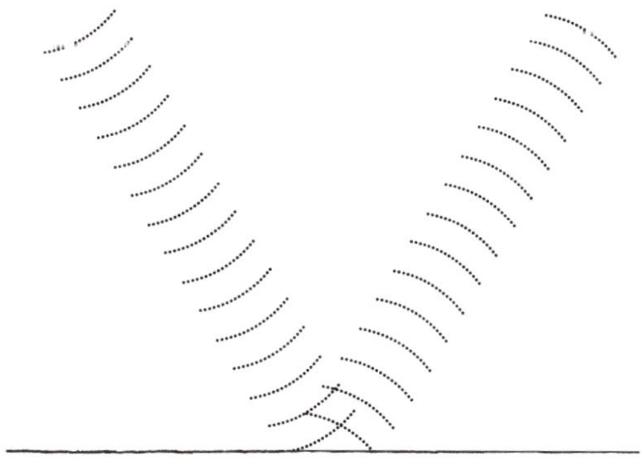

Bestimmte Eigenschaften des Lichts konnten sich andere Forscher mit den Lichtwellen aber nicht erklären. Hundert Jahre nach dem englischen Arzt Young führten die deutschen Physiker Max Planck und Albert Einstein weitere Experimente durch. Sie schlossen aus ihren Versuchen, dass das Licht auch aus kleinen Teilchen, die man Photonen nennt, besteht. Heute geht man davon aus, dass das Licht sowohl als Welle als auch als Teilchen erklärt werden kann, je nachdem welche Erscheinung des Lichts man beschreiben will.

In Experimenten konnte nachgewiesen werden, dass das Licht sowohl Welle als auch Teilchen ist

Wer gibt den Pflanzen Zucker?

Ohne das Licht und die Wärme der Sonne gäbe es hier auf der Erde nichts Lebendiges. Die Erde wäre kalt, unwirtlich und völlig unbewohnbar. Es hätte sich niemals Leben entwickelt.

Das Sonnenlicht lässt die Pflanzen wachsen. Die grünen Blätter der Pflanzen nehmen das Licht auf und wandeln es um in die Stoffe, die sie brauchen. Mit Hilfe des Lichts erzeugen die Pflanzen Zucker. Diesen Zucker, man nennt ihn Glukose, brauchen die Pflanzen zum Wachsen. Diesen Vorgang nennt man Photosynthese.

Das kannst du einfach zu Hause überprüfen. Du füllst zwei Blumentöpfe mit Humus und pflanzt jeweils zwei oder drei Sonnenblumensamen oder Zucker-

Der einzige Stern in unserem Sonnensystem ist die Sonne

melonensamen hinein. Die Samen bedeckst du mit ein wenig Erde. Einen Blumentopf stellst du aufs Fensterbrett, so, dass er viel Licht bekommt. Über den anderen Blumentopf stülpst du einen größeren Topf, damit er abgedunkelt ist. So kann kein Licht auf die Samen fallen. Nach ein paar Tagen wirst du in einem deiner beiden Töpfe die ersten grünen Blättchen aus der Erde sprießen sehen.

Die Sonne ist der einzige Stern in unserem Sonnensystem. Eine Million Mal würde unsere Erde in die Sonne hineinpassen. Mit einem Jumbojet wäre man 22 Jahre zur Sonne, zum Mittelpunkt unseres Sonnensystems, unterwegs. Seit 4 600 000 000 Jahren, das sind über vier Milliarden Jahre, strahlt die Sonne. An der Oberfläche der Sonne herrscht eine Temperatur von ungefähr 5 500 Grad Celsius. Und im Inneren der Sonne ist es unvorstellbar heiß: 15 Millionen Grad Celsius. Die Strahlung der Sonne entsteht durch diese Hitze. Zu einem großen Teil besteht die Sonne aus Wasserstoff. Wasserstoff ist ein leichtes Gas. In der unvorstellbaren Sonnenhitze »verschmelzen« die Wasserstoffatome (das sind die kleinsten, nicht mehr zerlegbaren Teilchen eines Elements). Es entsteht **Helium**. Dabei werden enorme Energiemengen frei. Deshalb strahlt die Sonne, und wir auf der Erde haben Licht und Wärme.

Helium

Der griechische Sonnengott hieß Helios. Helium ist ein sehr leichtes Gas. Der französische Astronom Pierre-Jules-Cesar Janssen entdeckte 1868 bei seiner Beobachtung einer totalen Sonnenfinsternis das Edelgas Helium. Mit Helium gefüllte Luftballons fliegen davon, wenn man sie loslässt.

Wie schnell ist das Licht?

Nichts ist schneller als das Licht. 300 000 Kilometer in der Sekunde schafft das Licht. Der genaue Wert ist 299 792 Kilometer pro Sekunde im luftleeren Raum (Vakuum). Das macht 1 079 251 200 Kilometer in der

Stunde. Das ist 1,2 Millionen mal so schnell wie die Boeing 737. Die hohe Geschwindigkeit, mit der das Licht reist, ist erstaunlich. Im Alltag merkt man nämlich gar nicht, dass das Licht überhaupt Zeit braucht, um eine Strecke zurückzulegen. Für uns ist es immer sofort hell. Noch erstaunlicher ist es, dass die Geschwindigkeit des Lichts immer genau gleich groß ist. Die Lichtgeschwindigkeit ist konstant.

Das weiß man seit 1887. Die beiden amerikanischen Forscher Albert Abraham Michelson und Edward William Morley haben es herausgefunden. Eigentlich wollten sie ein anderes Problem erforschen. Sie wollten beweisen, dass es einen »Lichtäther« gibt. Wasserwellen breiten sich

im Wasser aus, Schallwellen in der Luft. Braucht das Licht auch so einen Stoff, ein »Medium«, um sich fortzubewegen, fragten sie. Und sie versuchten, dieses Medium, das sie Lichtäther nannten, zu finden. Man stellte sich vor, es würde das ganze Weltall ausfüllen. Aber trotz vieler Messungen haben sie den Lichtäther nicht gefunden. Denn das Licht braucht kein Medium, um sich fortzubewegen. Ihr Experiment ging also gründlich schief. Aber sie haben etwas anderes herausgefunden, nämlich dass die Lichtgeschwindigkeit immer gleich groß ist.

Wie lang dauert ein Lichtjahr?

Die Lichtjahre sagen uns nicht, wie alt das Licht geworden ist. Dass etwas Lichtjahre her ist, heißt auch nicht, dass etwas schon unglaublich lange her ist. Ein Lichtjahr ist keine Zeitangabe, sondern es beschreibt die Entfernung, die das Licht in einem Jahr zurücklegt. Eine Lichtsekunde sind 300 000 Kilometer (exakt 299 792 ,458 Meter). In 1,2 Sekunden reist das Licht die Strecke von der Erde zum Mond. Ein Jahr hat 31 Millionen 556 Tausend 926 Sekunden. Ein Lichtjahr ergibt dann 9,46 Billionen Kilometer.

Die Entfernungen im Weltall sind gigantisch. Der nächste Stern im Universum, Alpha Centauri, ist 4,3 Lichtjahre entfernt. Das Licht braucht also vier Jahre und vier Monate, bis es vom Alpha Centauri zu uns auf die Erde kommt. Selbst wenn wir ein Raumschiff hätten, das mit Lichtgeschwindigkeit unterwegs sein könnte, würde es über vier Jahre brauchen, um dorthin zu gelangen.

Wer war Huitzilopochtli?

Dass die Sonne und mit ihr das Licht den Lauf des Lebens bestimmen, haben Menschen schon seit langer Zeit gewusst, auch wenn sie es sich nicht erklären konnten. Daher wird in beinah allen Kulturen und Religionen der Welt die Sonne als Gottheit verehrt.

Huitzilopochtli war der Sonnengott der Azteken. Er war auch für den Krieg zuständig. Seine Schwester Malinalxochi war der Mond.

Der keltische Sonnengott hieß **Lugh**, verheiratet war er mit Rosmerta, der Göttin des Feuers, der Wärme und der Fruchtbarkeit.

Der griechische Sonnengott, der alles sah und alles wusste und deshalb auch der Gott der Wahrheit war, hieß **Helios**. Seine Aufgabe war es, den Sonnenwagen über den Himmel zu lenken. Vor ihm ging Eos, die Morgenröte, am Abend folgte seine Schwester Selene, der Mond.

Eines der Geistwesen der Sioux-Indianer war **Wi**. Wi wurde als Sonne verehrt und galt als allwissend und überaus tapfer. Wis Tochter war Whope, die Gattin des Südwinds, die den Sioux das Symbol des Friedens, die Friedenspfeife, überbrachte.

Die auf Grönland lebenden Inuit hatten eine Sonnengöttin. Sie hieß **Malina**. Ihr Bruder war der Mondgott Anningan.

In Ägypten wurde der Sonnengott als einer unter vielen Göttern verehrt.

Dieser Sonnengott hieß **Ra** oder **Re**. Der Pharao Echnaton, der wahrscheinlich

von 1351 bis 1334 vor Christus regierte, hat dann einen einzigen Gott eingeführt. Dieser neue Sonnengott hieß **Aton**.

In China glaubte man an neun Sonnen am Himmel. Damals war die Welt so heiß, dass nichts wachsen konnte. Der Held **Hou Yi** schoss acht Sonnen mit Pfeil und Bogen vom Himmel. Die Welt konnte sich erholen. In einer anderen Sage war es ein Himmelshund, der mit seinem Biss die Sonnen erledigte.

In Griechenland bewachte die Göttin **Hestia** das Herdfeuer. In Rom war **Vesta** die Göttin des Herdfeuers. Ihr Tempel war auf dem Forum Romanum.

Am 1. März wurde das Feuer von den Vestalinnen, den Priesterinnen der Vesta, erneuert.

Ging das Feuer von selbst aus, galt dies als großes Unglück.

In Griechenland stiehlt **Prometheus** den Göttern das Feuer. Zur Strafe wurde er von Zeus mit unzerbrechlichen Klammern an einen Berg gekettet. Ein Adler riss ihm jeden Tag die Leber aus dem Leib, die ihm über Nacht wieder nachwuchs.

Wie entstehen die Farben des Regenbogens?

Lichtbrechung

Das Licht ändert seine Richtung, wenn es in ein anderes Medium übertritt, zum Beispiel wenn die Sonnenstrahlen auf einen durchsichtigen Vorhang aus Wassertröpfchen treffen, wie bei der Entstehung des Regenbogens.

Früher glaubte man, am Ende des Regenbogens liege ein Schatz vergraben. Aber immer wenn man glaubte, das Ende des Regenbogens erreicht zu haben, wich der Regenbogen zurück. Der Regenbogen hat nämlich keinen fixen Platz am Himmel. Nur wenn bei Regen die Sonne scheint, oder kurz nach dem Regen, können wir am Himmel einen Regenbogen beobachten. Das Licht der Sonne fällt auf die Wassertröpfchen des Regens. Die **Sonnenstrahlen brechen sich** an diesem durchsichtigen Vorhang aus Wassertröpfchen. Das Sonnenlicht ist weiß und enthält alle Farben. Die kleinen Wassertröpfchen funktionieren wie ein Prisma (lichtdurchlässiger Körper aus Glas).

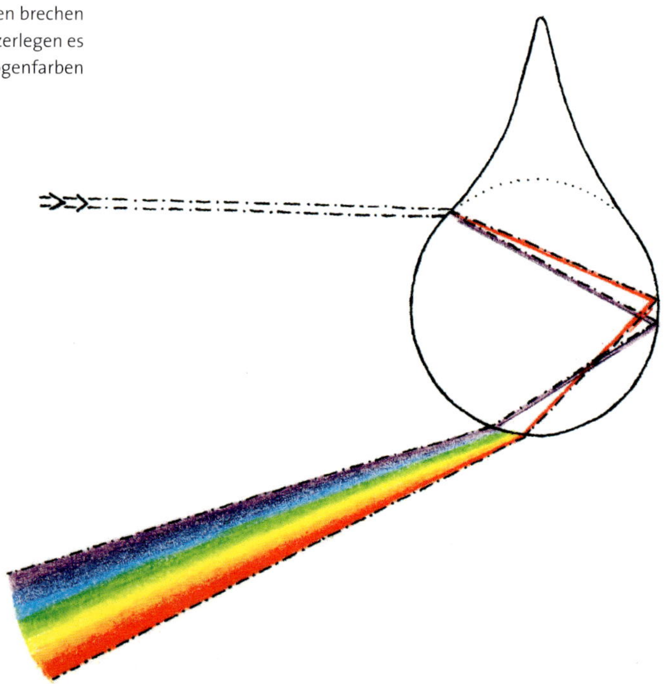

Wassertropfen brechen das Licht und zerlegen es in die Regenbogenfarben

Sie zerlegen das Sonnenlicht in seine verschiedenen Farbanteile, die alle unterschiedliche Wellenlängen haben. Diese unterschiedlichen Farben nennt man **Spektralfarben** oder auch Farbspektrum. Die Farben des Regenbogens haben immer die gleiche Reihenfolge. Rot ist außen, dann folgen Orange, Gelb, Grün, Blau, Indigo und ganz innen Violett.

In der Früh, kurz nach Sonnenaufgang, und am Abend, kurz vor Sonnenuntergang, kannst du die größten und schönsten Regenbogen beobachten. Je niedriger die Sonne steht, desto höher ist also der Regenbogen. Warum? Weil der Mittelpunkt des vom Regenbogen

Spektralfarben

Die Farben, die durch die Zerlegung (= Brechung) des weißen Lichts entstehen, heißen Spektralfarben. Das Sonnenlicht enthält alle Spektralfarben. Man nennt diese Farben auch reine Farben. Wenn du durch ein Prisma schaust, dann siehst du diese reinen Farben. Alle anderen Farben entstehen durch Farbmischung. Sie heißen deshalb Mischfarben.

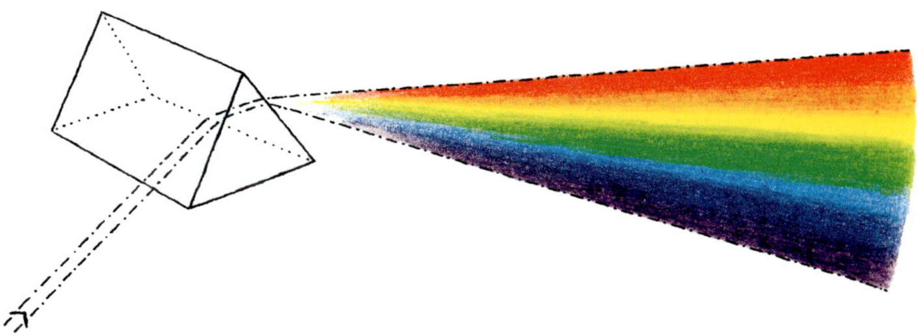

Ein Prisma zerlegt das weiße Licht in seine verschiedenen Farben. Man nennt sie auch Spektralfarben

beschriebenen Kreises auf einer von der Sonne und deinen Augen als Beobachter beschriebenen Linie liegt. Wenn daher die Sonne über dem Horizont steht, liegt der Mittelpunkt des Regenbogens fast auf der Erdoberfläche und ein schöner Halbkreis ist zu sehen. Manchmal entsteht neben dem ersten Regenbogen noch ein zweiter, weil das Licht in einem Wassertropfen zwei Mal reflektiert wird. Dazu sagt man auch

Haupt- und Nebenregenbogen. Der Nebenregenbogen hat eine umgekehrte Farbfolge, er beginnt mit blau und endet mit rot. Der Nebenregenbogen sieht also aus wie eine Spiegelung des ersten Regenbogens.

Und so kannst du einen Regenbogen selbst machen:
Zum Regenbogenmachen brauchst du die Sonne und einen Gartenschlauch, der feines Wasser versprüht so wie ein feiner Regenvorhang. Am besten klappt es am frühen Vormittag oder am späten Nachmittag, wenn die Sonne tief steht. Dann stellst du dich mit dem Rücken zur Sonne.
Und mit dem Gartenschlauch sprühst du schräg nach oben in den Himmel. Direkt vor dir siehst du dann einen Regenbogen.

Was ist der Unterschied zwischen einem Blitz und einer Höhensonne?

Blitz

Ein Blitz entsteht, wenn sich bei einem Gewitter die Regenwolken elektrisch aufladen. Wird die Spannung zu groß, dann gibt es Funken. Manchmal entstehen solche Blitze nur hoch oben zwischen den Wolken und wir sehen die hellen Blitze den gewitterdunklen Himmel erleuchten. Manchmal kommen die Blitze auch bis zur Erde. Wir sagen, der Blitz hat eingeschlagen. Das kann durchaus gefährlich sein. Es kann zu Waldbränden kommen. Schlägt der Blitz in ein Haus ein, so können elektrische Geräte Schaden davon tragen oder der Computer kaputt gehen. Durch Blitzableiter werden unsere Häuser und Wohnungen vor dem Blitz geschützt.

Beim **Blitz** handelt es sich um natürliches Licht. Und bei der Höhensonne um eine künstliche Lichtquelle. Natürliches Licht ist das Licht, das in der Natur vorkommt. In erster Linie ist es das Sonnenlicht, an das man dann sofort denkt. Aber auch der Blitz oder die Sternschnuppe spenden Licht. Der Regenbogen, der Leuchtfisch, der Leuchtpilz oder das Glühwürmchen zählen ebenfalls zu den natürlichen Lichtspendern.

Beim künstlichen Licht handelt es sich um verschiedenste Lichtquellen, die alle von Menschen gemacht sind. Das kann ein Scheinwerfer sein oder ein Streichholz, eine Leuchtstoffröhre oder der Fernseher. Das kann eine Deckenleuchte sein oder ein Feuerwerk, die Ampel an der Straßenkreuzung, das Lagerfeuer oder ein Laser. Das kann das Blitzlicht auf dem Fotoapparat sein oder die Kerze auf der Geburtstagstorte, die Infrarot-Fernbedienung oder eine Taschenlampe.

Eine Höhensonne aus den 1920er Jahren

Frühe Fotografen haben Naturereignisse wie diese Blitze festgehalten. Diese Fotografie aus dem Jahr 1907 befindet sich im Archiv des Technischen Museums.

Eine künstliche Lichtquelle, die das Wort Sonne im Namen führt, ist die Höhensonne. Die Höhensonne erzeugt Ultraviolettstrahlung, auch ultraviolettes Licht genannt. Das ist jener Bereich der elektromagnetischen Wellen, der an der kurzwelligen, violetten Seite des sichtbaren Lichts anschließt. Ultraviolettes Licht ist wegen seiner kürzeren Wellen energiereicher als Licht. Früher hat man solche Höhensonnen dazu verwendet, die Haut zu bräunen. Allerdings musste man dazu eine Schutzbrille verwenden, so stark war die Strahlung. Eine Überdosis an Ultraviolettstrahlung kann nämlich dem Körper Schäden zufügen. Heute werden Höhensonnen mit kleiner Dosierung für medizinische Zwecke verwendet.

Wo kommen die Farben her?

Im Jahr 1704 ist ein Buch erschienen, das die Vorstellungen vom Licht und von den Farben komplett veränderte. Dieses Buch hieß »Opticks«. Der englische Wissenschafter **Isaac Newton** hatte mit dem rätselhaften Licht verschiedenste Experimente angestellt.

In einem abgedunkelten Raum ließ Newton einen Sonnenstrahl auf ein Prisma fallen. Das Prisma zerlegte das Licht in ein Band aus Farben so wie die Farben des Regenbogens (Spektralfarben). Newton fand mit seinen Experimenten und Beobachtungen heraus, dass Farben nicht verändertes weißes Licht sind, sondern seine Bestandteile.

Das weiße Licht lässt sich also mit einem Prisma in die Spektralfarben zerlegen, oder umgekehrt alle Spektralfarben gemeinsam ergeben wieder weiß.

Das Licht, das wir sehen können, reicht von Blauviolett bis Rot. Das sichtbare Licht bewegt sich im Bereich der Wellenlängen zwischen 380 **Nanometern**, dem kurzwelligen blauen Licht, und 750 Nanometern, dem langwelligen roten Licht.

Isaac Newton

In seinen Experimenten hat sich der berühmte Wissenschafter Sir Isaac Newton (1642–1727) mit den Erscheinungen der Natur beschäftigt und versucht, physikalische Erklärungen dafür zu finden. Berühmt wurde nicht nur seine Arbeit über Licht und Farben, sondern auch seine Überlegungen zur Schwerkraft.

Nanometer

Nanus heißt auf lateinisch Zwerg. Nano ist der milliardste Teil von etwas. Ein Nanometer, abgekürzt nm, ist 0,000 000 001 Meter.

Alles, was wir sehen können, gibt Licht ab. Entweder handelt es sich um eine Lichtquelle, wie eine Taschenlampe oder eine Kerze, die das Licht selbst erzeugt. Oder es handelt sich um Dinge, die das Licht reflektieren. Wenn du deine Taschenlampe auf eine Wand richtest, so wirft die Wand das Licht zurück. Wenn man Dinge mit weißem Licht anstrahlt, dann absorbieren – verschlucken – sie einen Teil der Farben des weißen Lichts und einen anderen Teil reflektieren sie.

Ein grünes Blatt ist für unsere Augen deshalb grün,

weil es alle Farben des Sonnenlichts verschluckt bis auf grün. Das Grün wird reflektiert und das sehen wir dann. Eine rote Tomate ist für unsere Augen rot, weil sie alle Farben des Sonnenlichts absorbiert bis auf rot. Und deshalb sehen wir dann rote Tomaten. Diesen Vorgang, mit dem alle Dinge um uns herum ihre Farbe bekommen, nennt man Farbsubtraktion.

Der grüne Gespensterschatten:

Du brauchst eine Taschenlampe, einen roten Luftballon, ein weißes Tuch und eine weiße Wand. Der Versuch mit dem grünen Gespensterschatten funktioniert am besten in der Dämmerung. Du hängst ein kleines weißes Gespenst auf, aus weißen Papiertaschentüchern oder aus einem Stück Leintuch. Das hängst du vor eine weiße Wand. Du ziehst ein Stück von dem roten Luftballon über die Taschenlampe und leuchtest das Gespenst an. Das Gespenst selbst leuchtet rötlich, aber der Gespensterschatten ist grün.

Was ist ein Lux?

Die Beleuchtungsstärke wird mit der Einheit Lux gemessen. Die Beleuchtungsstärke ist das Maß des auf eine Fläche auffallenden Lichtstroms.

0,20 Lux hat der Vollmond
20 Lux hat eine Straßenbeleuchtung
100 – 200 Lux hat es im Wohnzimmer
2 000 – 10 000 Lux hat die Beleuchtung
durch die Sonne, wenn es schattig ist
70 000 – 100 000 Lux hat die direkte Beleuchtung
durch die Sonne

Du hast ja einen Sonnenstich.

Heißt:

Du bist ja durchgeknallt, du bist ja nicht zurechnungsfähig.

Das ist jetzt erst ans Licht gekommen.

Heißt:

Das ist jetzt erst bekannt geworden. Man hat etwas herausgefunden, was vorher niemand wusste, meistens etwas Unangenehmes.

Jemand hat dich
ins falsche Licht gerückt.

Heißt:
Jemand hat etwas Falsches, Unrichtiges über dich gesagt.

Jemand hat dich
hinters Licht geführt.

Heißt:
Jemand hat dich betrogen oder getäuscht.

Wo kommt draußen das Licht her?

Wer macht draußen Licht?

ROTATION DER ERDE

Die Erdrotation ist die Rotationsbewegung der Erde um ihre eigene Achse. Die Rotationsachse nennt man Erdachse. Eine Umdrehung um die eigene Achse dauert durchschnittlich 23 Stunden 56 Minuten und 4,10 Sekunden. Der Fachausdruck dafür ist ein Sternentag.

In der Nacht ist es dunkel, am Tag ist es hell. Auf diesen natürlichen Wechsel von Tag und Nacht, von hell und dunkel, haben sich die Lebewesen auf der Welt eingestellt. Blumen schließen am Abend ihre Blüten, viele Tiere werden ruhig und schlafen. Es gibt aber auch Tiere, die nachtaktiv sind. Sie gehen in der Nacht auf die Jagd und haben deshalb spezielle Augen, um in der Dunkelheit sehen zu können.

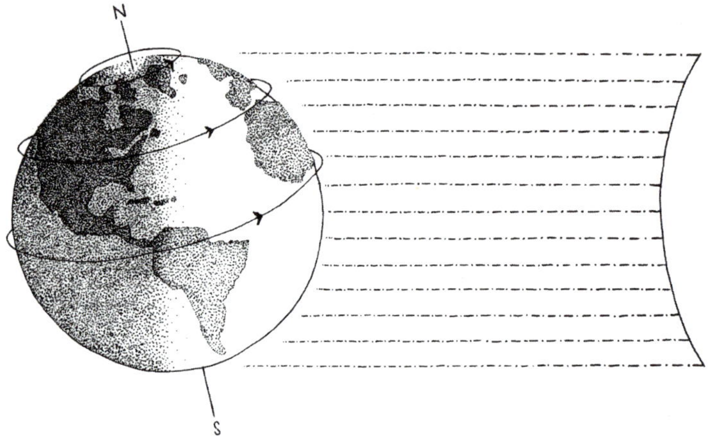

Durch die Erdrotation erleben wir den Wechsel zwischen Tag und Nacht

Der natürliche Wechsel zwischen Tag und Nacht entsteht durch die ROTATION DER ERDE um ihre eigene Achse. Pro Tag dreht sich die Erde ein Mal um sich selbst. Die Drehung der Erde erleben wir täglich als Sonnenaufgang und Sonnenuntergang. Auf der Seite der Erde, die von der Sonne bestrahlt wird, ist Tag. Die von der Sonne abgewandte Seite liegt dann im Schatten und

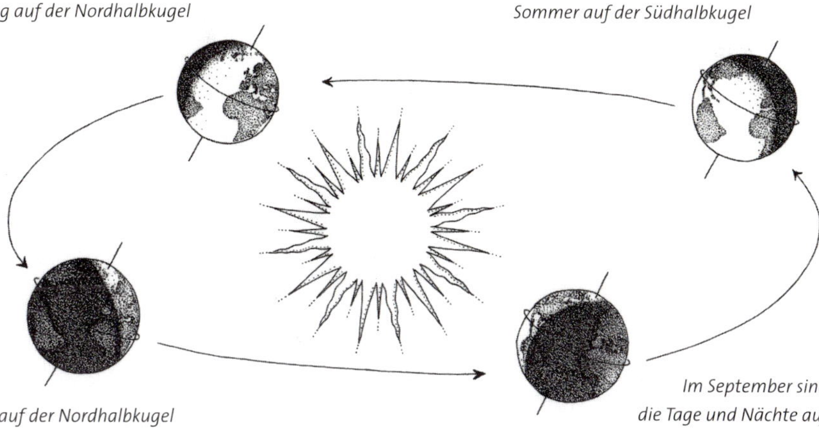

dort ist Nacht. Wenn sich die Erde nicht um sich selbst drehen würde, dann hätte die eine Hälfte der Erde immer Nacht, sie würde immer im Schatten liegen, und die andere Hälfte immer Tag, sie würde immer vom Sonnenlicht bestrahlt sein.

Die Erdachse ist gegen die Bahnebene geneigt. Deshalb gibt es auf der Erde verschiedene Jahreszeiten.

Aber auch in den verschiedenen Jahreszeiten ist es draußen nicht immer gleich hell. Im Winter ist es auf unserer Hälfte der Erde, auf der nördlichen Halbkugel, dunkler und kälter. Wir sagen, die Tage sind kürzer. Im Sommer ist es auf unserer Erdhälfte heißer und heller. Und wir sagen, die Tage sind länger, weil es länger hell bleibt. Im Laufe eines Jahres bewegt sich die Erde ein Mal um die Sonne und zwar auf einer elliptischen Bahn. Die Erdachse ist gegen die Bahnebene geneigt. Wenn bei uns, auf der nördlichen Halbkugel, Winter ist, dann ist die südliche Halbkugel der Sonne näher zugewandt. Dort ist dann Sommer. Wenn die nördliche Hälfte stärker zur Sonne hingewandt ist, steht bei uns die Sonne mittags höher am Himmel. Es ist heller und heißer. Und nach einem halben Jahr wird es wieder Winter, weil die Erde auf ihrer Umlaufbahn gewandert ist.

Für viele Menschen ist die Dunkelheit zum Fürchten. Wenn es dunkel ist, kommt einem vieles bedrohlich, gruselig oder Furcht erregend vor. Gespenster, Hexen, Vampire, alle diese Geisterwesen verbindet man mit der Dunkelheit der Nacht. Deshalb war es für die

Auf dieser Aufnahme von 1885 kann man Wien mit einigen Gaslaternen erkennen. Das Foto wurde bei Mondlicht aufgenommen. Der Mond leuchtet jedoch nicht selber, sondern wird von der Sonne angestrahlt. Wir sagen, der Mond scheint.

Menschen wichtig, auch in der Nacht, im Dunkeln, mehr sehen zu können. Durch künstliche Lichtquellen ist der Wechsel zwischen Tag und Nacht nicht mehr entscheidend dafür, ob es hell oder dunkel ist. So wie wir drinnen im Zimmer das Licht aufdrehen, wenn es dunkel wird, geht auch draußen auf der Straße das Licht an.

Wenn du am Abend, nach Einbruch der Dämmerung, unterwegs bist, kannst du darauf achten, wo überall das Licht angeht: In den Straßenlampen, den Leuchtreklamen, in den Auslagen, aber auch aus den Wohnungen kommt Licht nach draußen. So wird es in der Nacht zwar dunkler auf der Welt, aber nicht mehr »stockfinster«.

Und du kannst einmal die Lichter in einer Straße, am besten in einer mit vielen Auslagen und Geschäften beobachten. Wo kommt überall Licht her? Was für ein Licht kommt aus vielen Wohnungsfenstern, dort wo der Fernseher läuft? Wie viele Farben kannst du auf dem Gehsteig oder an den Hausmauern sehen, die durch die unterschiedlichen Geschäftsbeleuchtungen und Leuchtreklamen entstehen?

Wieso wird es draußen immer heller?

Im Jahr 2003 hat die öffentliche Beleuchtung in Wien ungefähr 4 200 Stunden gebrannt. Für diese 4 200 Stunden künstliches Licht waren im Einsatz:

105	Glühlampen
198 584	Leuchtstofflampen
1 371	Natriumdampf-Niederdrucklampen
32 810	Natriumdampf-Hochdrucklampen
7 140	Quecksilberdampflampen.

Die enorme Menge von insgesamt über 240 000 **Lampen** lässt die Stadt auch in der Nacht nie mehr ganz dunkel werden. Diese Lampen waren eingebaut in insgesamt 153 000 **Leuchten** auf den Straßen, Gassen und Plätzen Wiens.

Lampe und Leuchte

Leute, deren Beruf es ist, mit Licht zu arbeiten, wie Lichttechniker oder Lichtplaner, verwenden das Wort Lampe, um eine künstliche Lichtquelle zu bezeichnen. Das kann eine Glühlampe sein oder eine Leuchtstofflampe oder eine Gasentladungslampe. Die Lampe ist also im eigentlichen Sinn die Quelle, die das Licht erzeugt. Eingebaut sind solche Lampen oder Lichtquellen in eine Leuchte. Die Leuchte dient dazu, diese künstliche Lichtquelle aufzunehmen. Leuchten schützen die Lichtquellen vor Beschädigung, vor Feuchtigkeit oder vor Staub. Und Leuchten dienen auch dazu, das von der Lichtquelle oder Lampe abgestrahlte Licht besser zu verteilen und zu nutzen. Direktleuchten strahlen das Licht zu 90% nach unten ab. Indirektleuchten strahlen das Licht nach oben ab. Umgangssprachlich verwendet man ganz oft das Wort Lampe, wenn man eigentlich die Leuchte gemeinsam mit der Lampe meint, oft sogar, wenn man eigentlich nur die Leuchte meint.

Im Laufe der letzten 300 Jahre hat sich die Art und Anzahl der Lampen, mit denen man Straßen und Plätze beleuchtet, ganz stark verändert. Dadurch wurde es auch nachts in den Städten immer heller.

Am 7. November 1687 wurden in Wien zum ersten Mal Straßen und Plätze in der Nacht beleuchtet. »Illuminieren« sagte man damals dazu. In der Dorotheergasse im Stadtzentrum von Wien wurde mit einer so genannten Probebeleuchtung begonnen. Und diese städtische Beleuchtung umfasste damals 17 Laternen, die mit Talglichtern ausgestattet waren. Ein Jahr später, im Jahr 1688, waren aus den 17 Probelaternen bereits 2 000 geworden. Täglich mussten diese Lampen mit Brennstoff versorgt werden. Für das Füllen, Putzen und Anzünden dieser Stadtlichter waren die Bewohner zuständig, an deren Häusern außen die Laternen angebracht waren. Wer damals eine öffentliche Laterne zerstörte, auf den wartete eine schreckliche Bestrafung: »Wer die bereits auf vielen Orten aufgerichteten Laternen boshafter Weise destruieret, der sei auch wer er wolle, dem wird die rechte Hand abgehacket, und er wird sicherlich dieser Strafe nicht entstehen.« Im Jahr 1779 zählte man bereits 3 445 Öllampen.

Die ersten Gaslaternen zur öffentlichen Beleuchtung einer Stadt sind am 1. April 1814 in London in Betrieb genommen worden. Johann Joseph von Prechtl, der Direktor des Polytechnischen Instituts in Wien, das ist die heutige Technische Universität, arbeitete an der Verbesserung der Gaserzeugung für das Stadtgas. Er fand heraus, wie man aus der Verbrennung von Steinkohle Leuchtgas gewinnen konnte. 1816 wurde in der Wiener Innenstadt ein erstes größeres Gaswerk eröffnet. 120 Lampen konnten versorgt werden, aus jeder Tonne Steinkohle wurden 220 Kubikmeter Gas gewonnen.

Modell des ersten Gaswerks, das 1818 in der Wiener Innenstadt eröffnet wurde

Bei Einbruch der Dunkelheit wurden die Gaslaternen auf den Straßen und Plätzen der Stadt per Hand angezündet

Das Stadtgas wurde in riesigen Gasometern gespeichert. Vom Gaswerk oder den Gasometern wurde das Gas in eisernen Röhren transportiert. Die Gaslaternen brannten mit offenen Flammen und gaben ein warmes gelblich-rötliches Licht, aber sie waren nicht sehr hell.
1818 begann man mit 25 Gaslaternen die Kärntnerstraße und benachbarte Gassen in Wien zu beleuchten. 1850 waren im Wiener Stadtzentrum 564 Gaslaternen im Einsatz, die die ganze Nacht brannten und 494 Gaslaternen, die für die halbe Nacht reichten.
Das Dunkel der Nacht, finstere Straßen und Gassen galten als gefährlich und unsicher. Die Städte waren vielfach mit Mauern umgeben, die Stadttore wurden in der Nacht gesperrt. Die Nachtwächter gingen in der Nacht ihre Runden. Ihr Arbeitswerkzeug war eine Laterne. Ein Horn hatten sie auch dabei, um einen Brand melden zu können. Die Aufgabe der Nachtwächter war es, in der Stadt für Ruhe und Ordnung zu sorgen. Die Nachtwächter waren bewegliche Lichtquellen in den dunklen Nächten in der Stadt.
Das änderte sich allmählich mit den fix aufgestellten Straßenleuchten. Mit dem Licht verbindet man ein größeres Sicherheitsgefühl. Es geht aber auch um die Kontrolle dessen, was auf den Straßen und Plätzen in der Stadt, im öffentlichen Raum, passiert.
Im Jänner 1912 verfügte man für die öffentliche Beleuchtung bereits über 37 000 Gaslaternen, für die 679 **Laternenwärter** zuständig waren. Gleichzeitig gab es auch schon elektrisches Licht in verschiedenen Teilen der Stadt, so zum Beispiel am Stephansplatz, wo man 1882 mit einer Probebeleuchtung mit elektrischen Bogenlampen begonnen hatte.

Laternenwärter

Laternenwärter war ein eigener Beruf. Diese Laternenwärter waren dafür verantwortlich, dass die Laternen in der Nacht in der Stadt brannten. Sie mussten die Laternen zu einer bestimmten Zeit anzünden und die Lampen mit ausreichend Öl versorgen. Außerdem mussten sie die Laternen putzen, sodass die Gläser hell blieben.

Jeden Abend machten die Gasanzünder draußen in der Stadt Licht

Hell...

Wer hat die Gas-Spar-Lampe erfunden?

Ein Glühstrumpf ist ein feines keramisches Gewebe. Solche Glühstrümpfe wurden ab dem späten 19. Jahrhundert für das Gaslicht verwendet. Dieses neuartige Keramikgewebe war temperaturbeständig. Deshalb ging es in der Hitze der Gasflamme nicht kaputt. Die Gasflamme in einem Gaslicht erhitzte diese Glühstrümpfe und brachte sie zum Leuchten. So hatte man eine Art frühe Energie-Spar-Leuchte oder besser gesagt ein Gas-Spar-Licht, weil die Glühstrümpfe viel länger mit viel weniger Gas leuchteten. Man hatte also trotz geringeren Gasverbrauchs wesentlich länger Licht.

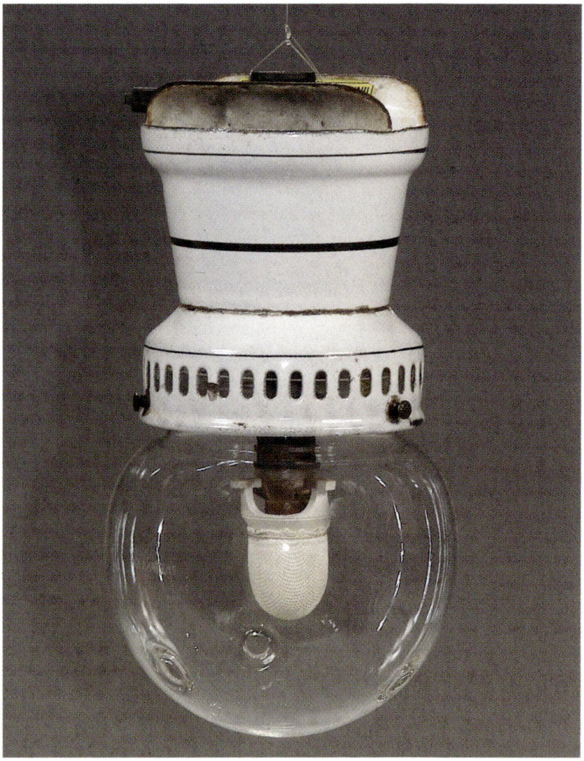

Der österreichische Chemiker Carl Auer von Welsbach entwickelte das Gas-Spar-Licht. Hier kann man sehr gut den Glühstrumpf erkennen.

Die für das Auerlicht verwendeten Glühstrümpfe wurden von Frauen in Handarbeit in den Fabriken hergestellt

Carl Auer von Welsbach

Der österreichische Forscher Carl Auer von Welsbach (1858–1929) studierte in Wien und in Heidelberg Chemie. Auer von Welsbach entwickelte den hier vorgestellten Glühstrumpf, patentierte auch eine elektrische Lampe, nämlich die erste brauchbare Metallfadenlampe und erfand 1903 den Zündstein, den Vorläufer des heutigen Feuerzeugs. Der Park gegenüber vom Technischen Museum in Wien heißt Auer-Welsbach-Park.

Das Verfahren wurde am 23. September 1885 als Auer-Glühstrumpf patentiert. Den Namen Auerstrumpf hatte der glühende Keramikstrumpf von seinem Erfinder, dem österreichischen Forscher **Auer von Welsbach**. Mit dem Glühstrumpf verschwand zum ersten Mal die offene Flamme, die über viele Jahrhunderte für Licht gesorgt hatte. Die heutige Campinglampe funktioniert immer noch nach dem Glühstrumpf-Prinzip.

Um einen Auerstrumpf herzustellen, verwendete man ein Baumwollgeflecht, das in einer speziellen Lösung getränkt und dann verbrannt wurde. Übrig blieb ein Gerüst, das zwar von selber stehen konnte, aber mit dem man schon recht vorsichtig umgehen musste, weil es sehr fein war.

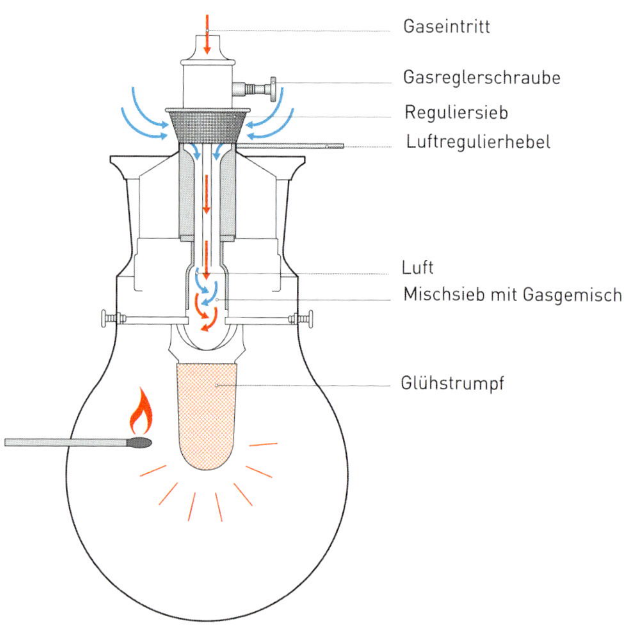

Was für ein Licht gibt die Bogenlampe?

Die Bogenlampe war die erste elektrische Lichtquelle, die entwickelt wurde. Solche **BOGENLAMPEN** geben intensiv gleißendes weißes Licht ab und sind sehr hell. Bei dem Licht, das Bogenlampen erzeugen, handelt es sich um Glühlicht, im Gegensatz zum Verbrennungslicht, das Kerzen, Öllampen oder Gasflammen abgeben.

So eine Bogenlampe wurde 1846 in der Pariser Oper verwendet, um einen Sonnenaufgang auf der Bühne zu zeigen. Das neue, weiß glänzende Licht kam den Menschen Mitte des 19. Jahrhunderts extrem hell und blendend vor. Manche Zeitungsmeldungen verglichen dieses neue Licht mit einer Lichtflut, die wie die Sonne war. Kerzen oder Öllampen liefern ein Punktlicht. Mit der Bogenlampe konnte man Plätze oder Straßen, Räume oder Hallen ausleuchten, für den direkten Blick waren die Bogenlampen aber zu blendend. Deshalb wurden sie hoch oben montiert und als Straßenbeleuchtung oder in großen Fabrikshallen verwendet. In der Stadt hat man das helle Bogenlicht dazu verwendet, um Gebäude oder Plätze besonders herauszuheben und von der sonst üblichen Beleuchtung mit dem gelblichrötlichen Gaslicht zu unterscheiden.

Die elektrischen Bogenlampen geben intensiv gleißendes weißes Licht ab und sind sehr hell

BOGENLAMPE

Die Bogenlampe ist eine Lichtquelle mit elektrischem Lichtbogen zwischen zwei Elektroden. Elektroden sind elektrisch leitende Teilchen. Das Licht im Lichtbogen entsteht durch die hohen Temperaturen von 3000° Celsius. Diese hohe Temperatur bringt die Elektroden zur Weißglut. Die Weißglut sehen wir als gleißend helles weißes Licht. Diesen Lichtbogen hat der englische Chemiker Humphry Davy bei seinen Experimenten entdeckt und im Jahr 1812 seine Ergebnisse dazu veröffentlicht.

Was macht das Licht auf der Straße?

Als das Licht auf die Straße kam, veränderte sich das nächtliche Leben in den Städten sehr. Fix befestigte **Strassenbeleuchtung** ersetzte die Laterne, die der Nachtwächter oder ein vereinzelter Fußgänger oder eine Kutsche dabei hatte, um sich ein wenig den Weg zu erhellen.

Um 1830 gab es in vielen Städten in Europa Straßenbeleuchtung mit Gaslaternen. Die Dunkelheit der Nacht erschien nun weniger gefährlich. Man konnte sich, wenn man musste oder wollte, in der Nacht draußen durch die Stadt bewegen. Die Straßenbeleuchtung leuchtete gleichermaßen für die Fabriksarbeiterinnen und Fabriksarbeiter, die sich zur Frühschicht auf den Weg machten oder die Theaterbesucher und Theaterbesucherinnen, die nach der Vorstellung den Heimweg antraten. Zwischen 1800 und 1900 waren Pferdekutschen das wichtigste Transportmittel, sie waren mit Kerzen beleuchtet. Auch frühe Automobil-Laternen waren zunächst Kerzen, später Petroleumlampen.

Heute zeichnet sich für elektrische Autoscheinwerfer die nächste technische Entwicklung ab. Seit 1996 gibt es weiße Leuchtdioden, die zunehmend mehr als Autoscheinwerfer Verwendung finden. Farbige Leuchtdioden als Bremslicht machen den Straßenverkehr heute schon sicherer. Sie leuchten sofort auf, im Gegensatz zur Glühbirne, in der sich der Draht erst erwärmen muss.

Anfang des 21. Jahrhunderts wird das Licht auf der Straße noch einmal mehr. In vielen Ländern ist es bereits gesetzlich vorgeschrieben, dass Autos nicht

Strassenbeleuchtung

Die Straßenbeleuchtung ist die künstliche Beleuchtung von Straßen, Gassen oder Plätzen. Sie dient der Sicherheit des Verkehrsraums und dazu, dass die Verkehrsteilnehmer sich orientieren können. Die Straßenbeleuchtung hilft, dass der Verkehr in der Nacht, in der Dämmerung oder bei schlechter Sicht durch Regen oder Schnee möglichst ohne Störungen und Unfälle funktioniert. Lichtpunkte werden so angeordnet, dass man den Verlauf einer Straße gut erkennen kann. Die Leuchten sind beispielsweise über dem Mittelstreifen der Straße angebracht. Ausfahrten haben seitliche Lichtpunkte. Diese Orientierung mittels Licht für alle Verkehrsteilnehmer nennt man optische Führung. Für die Verkehrssicherheit ist nicht nur die Straßenbeleuchtung wichtig, sondern auch die Beleuchtung am Fahrrad oder am Auto.

Heutige Straßenlampe

nur in der Nacht, sondern auch am Tag mit Licht fahren müssen. In Finnland, Schweden, Norwegen, Dänemark, Polen, Ungarn, Österreich und Kanada ist das bereits so. In Deutschland wird zum freiwilligen Fahren mit Licht am Tag aufgerufen. Fährt man am Tag mit Licht, dann wird nicht nur das vordere Abblendlicht eingeschaltet, sondern auch alle anderen Lampen im Außenbereich des Fahrzeuges wie das Rücklicht oder die Nummernschildbeleuchtung.

In den Lampen von frühen Automobilen brannten Kerzen oder Gas

Was heißt Lichtverschmutzung?

Ohne Licht wäre unser Leben heute nicht mehr vorstellbar. Zu viel oder zu starkes Licht kann aber auch negative Auswirkungen auf unsere Gesundheit oder auf das Verhalten und Leben von Tieren haben.

Ampulla ist ein ganz altes Wort für Lampe und heißt eigentlich Ölgefäß. Heute kennen wir alle die Lichter der Ampel zur Regelung des Verkehrs

Lichtverschmutzung ist ein Wort, das aus dem Englischen übersetzt wurde: light pollution. Dabei handelt es sich nicht um schmutziges oder verschmutztes Licht, sondern um die »Verschmutzung der Nacht« durch künstliche Beleuchtung. Gemeint ist damit vor allem die aus dem Flugzeug sichtbare intensive »Lichtglocke«

ABB 1

dunkel

ABB 2

dunkler

ABB 3

am dunkelsten

über unseren großen Städten. Seit über hundert Jahren, seit dem elektrisches Licht in Gebrauch ist, nimmt das Licht in den Städten und am Land immer mehr zu. Leuchtreklamen, Straßenbeleuchtungen, Laserspektakel – sie alle tragen zu einer neuen Art der Lichtverschmutzung bei. Skybeamer oder Himmelsstrahler sind zum Beispiel äußerst lichtstarke Scheinwerfer, die über viele Kilometer am Nachthimmel zu sehen sind. Dadurch wird zum Beispiel für Astronomen die Himmelsbeobachtung immer schwieriger.

Seit 1998 gibt es eine International Dark-Sky-Association. Gegründet in Amerika, hat diese Organisation, die sich für einen dunklen Nachthimmel und gegen die Lichtverschmutzung einsetzt, auch in Europa Zweigstellen, unter anderem in Deutschland, der Schweiz und in Österreich.

Nicht nur der Mensch ist von zu viel und zu starkem Licht betroffen. Zugvögel verlieren ihre Orientierung, wenn Skybeamer oder Laserstrahlen den Nachthimmel erleuchten, Nachtfalter und Fluginsekten verbrennen an den Strahlern von Scheinwerfern.

Warum werfen die Fußballspieler im nächtlichen Stadion vier Schatten?

Abends wird das Stadion zusätzlich beleuchtet. Dazu verwendet man meistens vier große **Flutlicht**strahler, die in den Ecken des Stadions stehen. Jeder dieser Strahler erzeugt einen Schatten. Deshalb wirft ein Fußballspieler, der aus jeder Ecke von einem Strahler beleuchtet wird, vier Schatten. Auch bei der Übertragung im Fernsehen kann man an den Schatten erkennen, ob bei Flutlicht gespielt wurde oder nicht.

Flutlicht

Flutlicht wird durch starke Scheinwerfer erzeugt. Diese Scheinwerfer bestehen aus einer Halogenlichtquelle und einem einwärts gewölbten Reflektor, der das Licht gebündelt auf eine bestimmte Fläche wirft. Diese Scheinwerfer werden an hohen Masten befestigt.

Mit Flutlicht kann man in den Abend- oder Nachtstunden ungefähr taghelles Licht künstlich erzeugen. Bei großen Sportveranstaltungen werden Flutlichtstrahler verwendet. Auch auf Skipisten gibt es Flutlichtanlagen, damit Schifahrer und Snowboarderinnen in der Nacht die Piste hinuntersausen können oder auf Galopp- und Trabrennbahnen, auf Golf- und Tennisplätzen. Wenn mit Flutlicht der Tag in die Nacht hinein verlängert wird, dann trägt das auch zur Lichtverschmutzung bei.

Was kann eine Leuchtreklame?

Leuchtende Reklamen sind dazu da um auf etwas aufmerksam zu machen. »Hier bin ich, schau mich an«, so scheinen die Auslagen der hell erleuchteten Geschäfte zu sagen. »Hier bin ich, lies mich«, leuchtet die laufende Schrift des Sonderangebots. »Hier bin ich, schau schnell her«, scheinen die Werbungen auf den Riesenscreens in der Bahnhofshalle zu sagen. Diese leuchtenden Zeichen oder Buchstaben nennt man auch Formleuchten.

Im späten 19. Jahrhundert, vor über 120 Jahren, hat sich die Menge der Waren und Produkte, die man kaufen konnte, vervielfacht. Für die Firmen und die Geschäfte wurde es damals immer wichtiger, auf die Waren hinzuweisen. In der Konkurrenz zwischen den Geschäften spielte das Ausleuchten mit Licht, die Signalwirkung von Werbung mit Licht, eine große Rolle. Um 1900 gab es gasbeleuchtete Reklamen, und zur selben Zeit auch Lichtwerbung mit Glühbirnen. Bei den Glühbirnen hat man vor allem die Möglichkeit des An- und Abschaltens verwendet, um Aufmerksamkeit zu erregen und Lichtspiele zu veranstalten. Es entstanden die Wanderschriften, Lauflichter, Blinklichter. Firmennamen wurden angeleuchtet, Auslagenfenster wurden beleuchtet und Werbeschriftzüge begannen zu strahlen. Damals entwickelte sich auch das abendliche Spazierengehen in Innenstädten. Es galt nicht mehr als gefährlich am Abend unterwegs zu sein.

Du kannst einmal in einer Geschäftsstraße in deiner Nähe nachschauen, wie viele Leuchtreklamen du am Abend siehst

Von Tokio über Mexico City bis New York, von London über Berlin bis Wien, überall auf der Welt leuchten heute die großen Städte mit Leuchtschriften, Laufschriften, Leuchtreklamen.

Einer der Plätze auf der Welt, der durch Leuchtschrift berühmt wurde, ist der Times Square in New York. Times Square liegt an der Kreuzung 42. Straße und Broadway. Benannt ist er nach einer Zeitung: der New

York Times. Auf einer riesigen Laufschrift an der Gebäudefront des Verlagsgebäudes der Times kann man immer die neuesten Nachrichten lesen. Bereits im Jahr 1917 ist hier das erste elektrische Reklameschild installiert worden. 17 Jahre später folgte dann die erste Laufschrift. Heute ist der Times Square der einzige Platz in New York, wo alle Geschäftstreibenden per Gesetz dazu verpflichtet sind, eine leuchtende Reklame zu haben.

Das wirft ein schlechtes Licht auf dich.

Heißt:

Das schadet deinem Ansehen, deinem guten Ruf.

Du bist Feuer und Flamme.

Heißt:

Du bist total begeistert.

Jemand steckt dir ein Licht auf.

Heißt:
Jemand öffnet dir die Augen für etwas.

Du bist ein Lichtblick.

Heißt:
Du bist toll, super, speziell, besonders, anders als die anderen.

Wo kommt drinnen das Licht her?

Zu vielen Anlässen zünden wir auch heute noch Kerzen an

Wie kann man Licht machen?

Kochen, Heizen, Beleuchten: Das alles machte man mit Feuer. Irgendwann in der Frühgeschichte der Menschheit begann man, leuchtende Holzscheite aus dem brennenden Feuer herauszunehmen. So hatte man eine Art Fackel, den so genannten Kienspan. Das ist die älteste bekannte künstliche Lichtquelle, die man mitnehmen und transportieren konnte. Auf das Feuer musste man gut aufpassen, denn wenn es ausging, hatte man große Mühe, wieder Feuer zu machen. Das blieb für viele Jahrhunderte so. Bis zur Mitte des 19. Jahrhunderts musste man recht mühselig mit Feuerstein und Stahl Funken für ein neues Feuer schlagen, wenn das Feuer ausgegangen war. Denn erst ab dann wurden Zündhölzer in größeren Mengen hergestellt. Deshalb wachten die Menschen Tag und Nacht über ihr Feuer und ließen es nicht ausgehen.

In hohlen Steinen verbrannte man an einem Docht tierisches Fett. Aus diesen steinernen Lampen entstanden die Öllampen. Eine frühe Öllampe hat man in einer Höhle in Nordspanien gefunden. Sie spendete hier wohl einer steinzeitlichen Höhlenmalerin oder einem Höhlenmaler Licht.

Ende des 18. Jahrhunderts wurden die Öllampen entscheidend verbessert und deutlich heller. Diese so genannten **Argand-Lampen** waren nach dem Schweizer Chemiker Aimé Argand benannt, der sie 1784 entwickelte. Die neuen Öl- oder **Petroleum**lampen hatten einen runden Hohldocht und einen aufgesetzten Glas-

Argand-Lampe

Will man mehr Licht, braucht man eine heißere Flamme. Der französische Chemiker Antoine Lavoisier fand um 1775 heraus, dass die Flamme durch mehr Sauerstoff heißer und heller wird. Dieses Prinzip machte sich sein Schüler Argand bei der Entwicklung der Petroleumlampe zu Nutze.

Petroleum

Petroleum entsteht bei der Erdöldestillation. Eine Petroleumlampe verwendet die leuchtende Flamme des brennenden Petroleums. Ein Baumwolldocht saugt das Petroleum aus einem Vorratsgefäß hoch und verbrennt es in einem Brenner. Ein darüber gestülpter Glaszylinder mit Kaminwirkung sorgt für ausreichende Luftzufuhr. Die warme Luft steigt auf und zieht frische Luft nach, das Entstehen dieses Luftzugs nennt man Kaminwirkung.

zylinder. Der Luftzug im Zylinder verstärkte die Lichtintensität. Sie waren so hell wie 20 oder 30 Kerzen. Das erschien den Menschen anfänglich so unglaublich hell, dass sie Lampenschirme benötigten, um sich vor dem Licht zu schützen.

Die Waggon-Abteillaterne mit Petroleumbrenner ist eine Lampe, mit der man Zugabteile beleuchtete

Zu den frühen künstlichen Lichtquellen zählt auch die Kerze, die wir bis heute zu verschiedensten Anlässen und Festen immer noch verwenden. Im Jahr 2003 wurden allein in Deutschland 132 000 Tonnen Kerzen hergestellt.
Ein Docht, meistens ein Baumwollfaden, ist von Wachs umgeben. Das kann Bienenwachs sein oder pflanzliches Wachs oder eine Mischung aus tierischen und pflanzlichen Fetten, wie das Stearin oder das Paraffin. Mit diesen neuen Materialien wurden die Kerzen geruchlos und sauber. Der Docht einer Kerze brennt, und das Wachs schmilzt. Warme Verbrennungsgase steigen auf und versorgen die Kerzenflamme mit Sauerstoff.
Bienenwachs war seit dem Mittelalter in Europa ein wichtiger Handelsartikel. Nur reiche Menschen konnten sich die teuren Bienenwachskerzen leisten. Das billigste Material zur Kerzenherstellung hieß Unschlitt oder Talg. Dieses Material gewann man beim Schlachten von Tieren. Es ist das ungereinigte Fett aus der Bauchhöhle von Rindern, Schafen oder Ziegen. Wenn man diesen Talg als Kerzenwachs verbrannte, dann stank es fürchterlich und gab nur trübes Licht.

Unter Wasser brennt die Kerze

Du brauchst eine Kerze, eine Schüssel aus Glas oder Keramik, kaltes Wasser und Streichhölzer. Die Kerze musst du auf dem Boden der Schüssel befestigen. Zünde den Kerzendocht an und tropfe ein wenig flüssiges Wachs in die Mitte der Schüssel. Dann drücke die Kerze fest drauf und lass das Wachs fest werden. Jetzt kannst du die Schüssel mit Wasser füllen, fast bis zum Ende der Kerze. Und die Flamme der Kerze wird weiterbrennen. Denn das Wasser kühlt das Wachs. Die äußere Wachsschicht der Kerze schmilzt nicht und schützt die Flamme. Es ist ganz wichtig, dass du diesen Versuch durchführst, wenn eine erwachsene Person dabei ist.

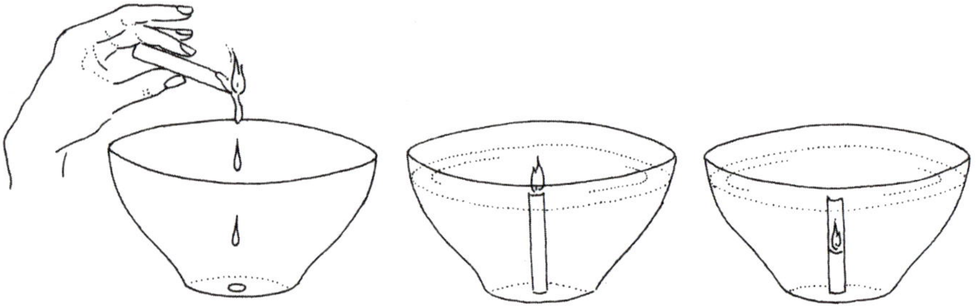

Wer waren die Kerzenmacher?

Lange Zeit gab es keinen eigenen Beruf des Kerzenmachers. Die Fleischer, die Seifensieder, die Lebkuchenbäcker, die Krämer und die Imker stellten Kerzen her. Manchmal waren es auch Weber oder die Maurer, die im Winter als Nebenerwerb Kerzen machten. Man nannte die Kerzenmacher auch Lichtzieher. Für den Eigenbedarf zu Hause stellten meist Frauen die Kerzen her. Kerzen werden gegossen, gezogen, gepresst oder gewickelt.

Fertige Kerzen

Zum Kerzenziehen wird der Docht durch flüssiges Wachs gezogen. Das macht man so oft, bis die Kerze dick genug geworden ist. Gepresst werden Kerzen aus Paraffin. Das pulverisierte Paraffin wird in Formen gedrückt. Will man Kerzen mit speziellen Formen und Verzierungen herstellen, dann gießt man flüssiges Wachs in spezielle Formen, die Modeln genannt werden. Bienenwachskerzen werden oft gewickelt. Dabei werden dünne Wachsplatten leicht erwärmt und um den Kerzendocht gewickelt.

PARAFFIN

Paraffin besteht aus Kohlenwasserstoffen (chemische Verbindung aus ausschließlich Kohlenstoff und Wasserstoff). Paraffin ist wachsartig, brennt leicht, ist geruchlos und geschmacklos, ungiftig, elektrisch isolierend (das heißt, es leitet keinen elektrischen Strom), stößt Wasser ab und lässt sich mit Fetten oder Wachsen zusammenschmelzen.

Früher haben Kerzen oft sehr stark gerußt. Um dieses starke Rußen zu verhindern, hat man mit einer Lichtputzschere oder Dochtschere den Kerzendocht gekürzt. Wenn man nicht regelmäßig die Dochte kürzte,

Kerzenzieher bei der Arbeit

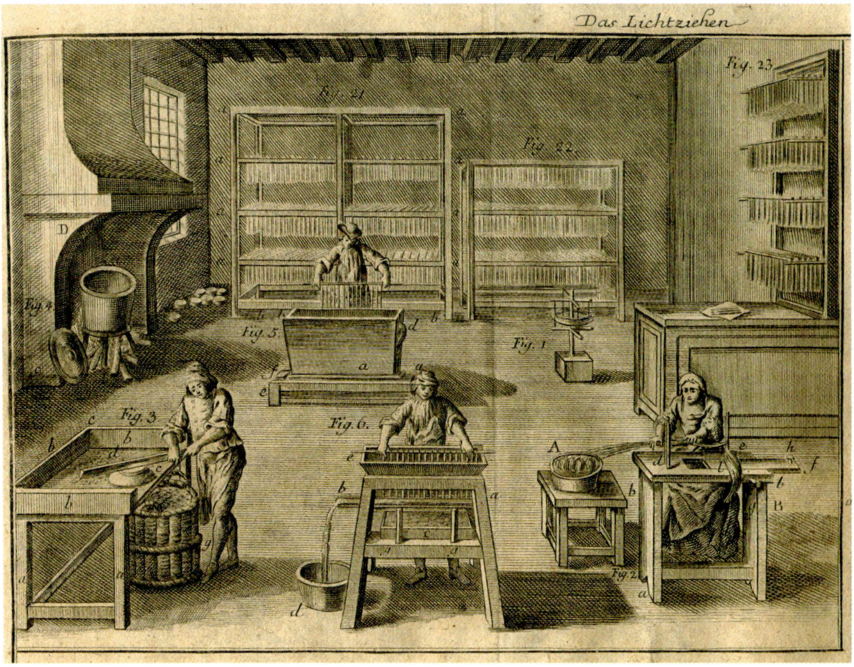

dann fing es fürchterlich an zu qualmen und die Flamme der Kerze ging aus. Diese Lichtputzschere schaut so ähnlich aus wie unsere heutige Schere. Auf der weniger scharfen Schneide hat so eine Lichtputzschere ein kleines Kästchen. In diesem sammelte man die abgeschnittenen Dochtenden.

Mit der Lichtputzschere wurden die Dochte gekürzt, damit die Kerzen immer hell brannten. Dieses Abschneiden nennt man »schnäuzen«.

Warum glüht die Glühbirne nicht?

Obwohl wir immer Glühbirne zu ihr sagen, ist es gerade nicht der birnenförmige Glaskolben, der glüht. In seinem Inneren gibt es einen feinen Glühdraht, der von zwei oder drei Drähten gehalten wird. Dieser ist wie eine Spiralfeder aufgewickelt. Wenn du den Lichtschalter betätigst, dann beginnt er zu glühen, weil der elektrische Strom durch die Halterungsdrähte durch ihn fließt. Deshalb spricht man auch vom elektrischen Licht. Der Draht im Inneren der Glühbirne wird extrem heiß, fast 2 500° Celsius. Er gibt Licht ab, aber auch Wärme. Dieser Draht ist aus einem speziellen Metall gemacht, aus Wolfram. Es kann sehr, sehr heiß werden ohne sofort zu verbrennen. Der Glaskolben der Glühbirne ist nicht nur dazu da, den Draht zu schützen, sondern vor allem um ihn ganz, ganz lang am Glühen zu halten. Käme dieser Draht aus Wolfram mit Luft in Berührung, würde er binnen weniger Sekunden verglühen. In der Glühbirne sind deshalb andere Gase wie Stickstoff oder Argon enthalten, die verhindern, dass der Draht verbrennt. Irgendwann ist er aber doch

Musterkoffer für Glühbirnen der Firma Osram. Hier kann man gut die unterschiedlichen Formen sehen

Entwicklung der Glühfäden

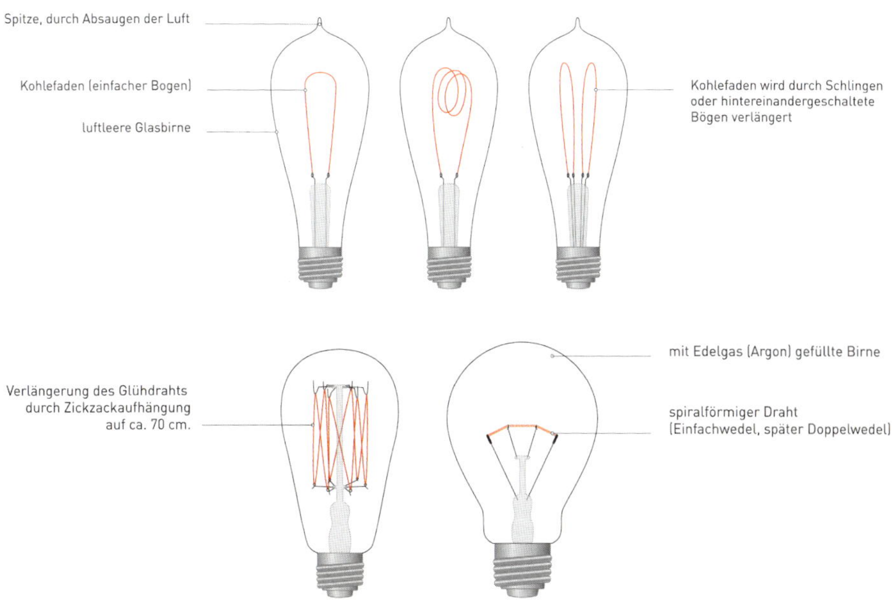

einmal durchgeglüht, der Glühdraht. Dann muss man die Birne ersetzen und schraubt eine neue in die Fassung. Mit der Fassung ist sie auch in der Lampe befestigt. Bei Glühbirnen wird 90% der Energie aber nicht zu Licht, sondern zu Wärme. Zwischen 750 bis 1 000 Stunden kann eine Glühbirne leuchten. Je stärker der Draht im Inneren glüht, desto heller ist das Licht.

Thomas Alva Edison gilt als Erfinder der Glühbirne, die als Kohlefaden-Glühlampe ab 1879 der Öffentlichkeit in Ausstellungen vorgestellt wurde. Eigentlich hatte jedoch schon zwanzig Jahre davor, 1854, ein nach New York ausgewanderter deutscher Feinmechaniker namens **Heinrich Göbel** eine dauerhaft brennende Glühlampe entwickelt.

Thomas Alva Edison

Thomas Alva Edison (1847–1931) machte mehr als 2000 Erfindungen, von denen er über 1000 patentieren ließ. Zu seinen Erfindungen zählen ein elektrischer Stimmenzähler für Versammlungen, eine Verbesserung der Schreibmaschine, der Phonograph, der 35-mm-Film sowie die Verbesserung und vor allem Vermarktung der Kohlefaden-Glühlampe 1879. Edison war sehr geschickt in der Vermarktung seiner Ideen und Erfindungen und war einer der reichsten Männer Amerikas. Sein Firmenimperium machte viele der von ihm entwickelten Produkte zu Massenprodukten.

Heinrich Göbel

Heinrich Göbel (1818–1893) wanderte im Alter von 31 Jahren von Deutschland in die USA aus. Die von ihm entwickelte erste Glühbirne brannte 400 Stunden. Im Jahr 1893 wurde in einem Patentprozess nachgewiesen, dass nicht Thomas Alva Edison die erste Glühlampe erfunden hat, sondern Heinrich Göbel im Jahr 1854.

Wie baut man mit Licht?

Mit Licht kann man Räume zum Vorschein oder zum Verschwinden bringen. Das kannst du selbst ausprobieren. Du drehst alle Lichter in einem Zimmer ab. Nur die kleine Lampe über dem Computer am Schreibtisch lässt du an. Der Lichtkegel erzeugt einen Raum im Raum. Der Rest des Zimmers liegt im Dunkeln. Licht verändert die Raum-Wahrnehmung.

Viele Architektinnen und Architekten arbeiten bei der Lichtplanung gerne mit »unsichtbarem Licht«. Die eigentliche Lichtquelle wird versteckt, die ist dann zum Beispiel hinter einem Mauervorsprung, im Handlauf des Stiegengeländers, unter den Stufen oder im Abschluss von Kästen. Lichtplanerinnen und Lichtplaner beschäftigen sich intensiv mit den Reflexionseigenschaften von Materialien. Denn das, was wir als Licht erleben, ist meist nicht das Licht, das direkt aus der Lichtquelle kommt, sondern das Licht, das von der Umgebung reflektiert wird. Deshalb muss man wissen, wie die Reflexionseigenschaften der Dinge sind, die angestrahlt werden. Raumstimmungen hängen von Materialien und deren Oberflächen ab, von der Beleuchtungsstärke und der Lichtfarbe.

In den 1940er Jahren entwickelten Wissenschafter eine Kurve, die den Zusammenhang zwischen Beleuchtungsstärke und Lichtfarbe und deren Wirkung auf uns erklärt. So wird niedrige Beleuchtungsstärke bei warmem Licht, z. B. bei einer Kerze, als behaglich wahrgenommen. Niedrige Beleuchtungsstärke bei weißem Licht hingegen erzeugt ein unbehagliches Gefühl. Das kennt man von schlecht beleuchteten, unheimlichen, langen Gängen. Wählt man für solche

Gänge warmes Licht bei niedriger Beleuchtungsstärke, kann man dieses unheimliche Gefühl vermeiden.

Licht und Luft lautete die Devise für die großen Zinshäuser und die sozialen Wohnbauten, die für viele Menschen zu Beginn des 20. Jahrhunderts errichtet wurden. Ein Trick, mit dem man Licht in diese hohen Häuser mit ihren vielen Geschoßen brachte, waren Lichthöfe. Diese kleinen Höfe, um die herum die Wohnungen angeordnet sind, bringen Licht in die angrenzenden Räume.

Du kannst einmal bei dir zu Hause beobachten, in welche Räume am Vormittag das Tageslicht fällt und welche Räume erst am Nachmittag vom Sonnenlicht erreicht werden. So wirst du sehen, wie das Licht im Laufe eines Tages durch dein Zuhause wandert. Zu unterschiedlichen Tageszeiten haben die Räume in deiner Wohnung oder in deinem Haus ganz unterschiedliche Helligkeiten oder Lichtstimmungen.

Dass unser Leben immer heller wurde, kann man auch daran ablesen, wie stark sich Einfamilienhäuser im letzten Jahrhundert verändert haben. Mit großen Fenstern oder Glasfassaden öffnen sich Häuser nach außen und lassen das Licht herein. Bei Umbauten von alten Häusern ist es oft der Umgang mit dem Licht, der geändert wird: öffnet man das Dach, lässt man das natürliche Licht durch das Haus wandern, so verändert sich das Wohngefühl entscheidend. Alle Öffnungen arbeiten mit dem natürlichen Licht. Lichtschächte, Fenster, Kuppeln, Glasfassaden; sie alle lassen das Licht durch oder filtern es. Ob wir uns in einem Gebäude wohl fühlen, ob wir Angst haben, wie wir die Räume erleben und sehen, das alles hat auch mit der Licht-Planung zu tun.

Wo kommt noch Licht her?

In einer Wohnung oder in einem Haus gibt es viele verschiedene Lichtquellen. Da gibt es die Glühbirnen, die Energiesparlampen und das LED auf der Playstation. Da gibt es die **Halogenlämpchen** und die Bienenwachskerzen. Da gibt es **Leuchtstoffröhren** und das Display am Handy. Da gibt es die Teelichter und die Taschenlampe. Da gibt es den Monitor, das Radio und das blinkende Licht am Baby-Phone. Da gibt es die Anzeige am digitalen Wecker, das Feuerzeug und die Fackel für den Garten. Da gibt es das Katzenauge auf der Schultasche, die Zündhölzer, das Sonnenlicht, das durchs Fenster fällt und die Petroleumlampe.
Du kannst mal bei dir zu Hause herausfinden, wie viele verschiedene Lichtquellen es eigentlich so gibt. Und dann kannst du ein Licht nach dem anderen abdrehen, am besten am Abend, wenn es schon dunkel ist. So wirst du gut sehen, wie es dunkler und dunkler wird in

Viele Handies haben ein LC-Display

Halogenlampe

Die Halogenlampe funktioniert ganz ähnlich wie eine normale Glühbirne. Nur wird hier ein anderes Gas verwendet, nämlich das Halogen. Dieses Gas lässt den Glühdraht viel länger, aber auch heißer glühen. Deshalb haben diese Halogenlampen einen speziellen hitzebeständigen Glaskolben.

den Räumen. Aber ganz dunkel wird es meistens trotzdem nicht, denn an vielen elektrischen Geräten sind die roten Standby-Lichter an. Am Videorecorder oder an der Hi-Fi-Anlage oder am Fernseher leuchten diese LEDs in der Dunkelheit. Standby heißt eigentlich startbereit sein, sich bereithalten. Alle elektrischen Geräte, die auf Standby-Modus sind, sind also nicht wirklich ausgeschaltet. Wenn man Strom sparen will, dann kann man die Strom verbrauchenden Geräte auch ganz abdrehen. Dazu gibt es Steckdosenleisten mit Netzschalter.

Leuchtstoffröhre

Eine Leuchtstoffröhre funktioniert ganz anders als eine normale Glühlampe. In der Röhre ist kein glühender Draht, sondern ein Quecksilber-Gas enthalten. An beiden Enden der Röhre sind Metallstifte, die den elektrischen Strom leiten. Das Quecksilber-Gas zwischen den Metallstiften, den beiden elektrischen Polen, wird zum Leuchten angeregt. Dabei entsteht ultraviolettes Licht, das wir mit unseren Augen jedoch nicht sehen können. Ein spezieller Leuchtstoff, mit dem die Röhren beschichtet sind, verwandelt es in sichtbares weiß-bläuliches Licht. Leuchtstoffröhren halten länger als Glühbirnen oder Halogenlampen und verbrauchen weniger Energie.

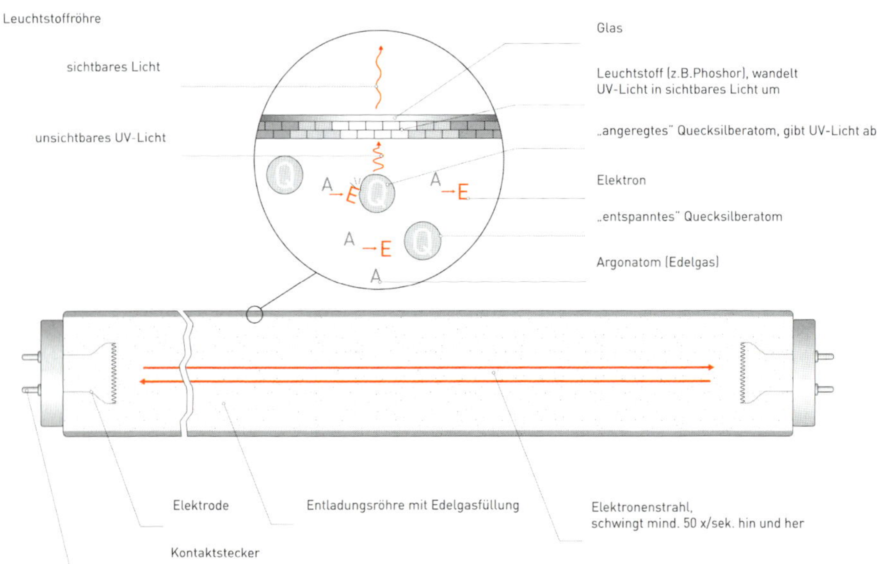

Seit wann kann man das Feuer in die Tasche stecken?

Ob Kerze oder Waldbrand, in beiden Fällen könnte ein kleines Hölzchen mit seiner zündenden Wirkung der Anfang der Flamme gewesen sein. Im Jahr 1669 wurden erstmals von Hand Zündhölzer hergestellt. Das war kurz nachdem der deutsche Alchimist und Apotheker Henning Brand den **Phosphor** entdeckt hatte. Alchimisten nannte man im Mittelalter und auch noch in der Barockzeit die Wissenschafter, die den Stein der Weisen suchten und Gold herstellen wollten. Diese ersten Zündhölzer waren extrem leicht entflammbar, aber leider auch hochgiftig. Eine leichte Reibung an einem Gegenstand oder an der Hauswand genügte und der weiße Phosphor entfaltete seine zündende Wirkung. Der englische Chemiker John Walker stellte im Jahr 1825 eine neue Mixtur für Streichhölzer her. Im Jahr 1829 meldete Samuel Jones seine Streichhölzer unter dem Namen Luzifer zum Patent an. Der dritte, der im Wettrennen der Zündhölzer-Entwicklung mit dabei war, war Isaac Holden, der ab 1829 Phosphor und Schwefel für die Zündhölzer verwendete. Im Jahr 1832 begann Stephan von Romér in Wien mit der Zündholzproduktion.

Phosphor

Phosphor ist ein chemisches Element. Auf altgriechisch heißt phos-phoros Licht tragend. Als Mineralstoff ist Phosphor ein Baustein jedes lebenden Organismus. Weißer Phosphor aber ist hochgiftig und hochexplosiv. Bereits 50 mg haben eine tödliche Wirkung. Roter Phosphor ist ungiftig und nicht selbstentzündlich.

Schon ein paar Jahre nach seiner Erfindung spielte das kleine Hölzchen eine große Rolle in einem Märchen von Hans Christian Andersen. Das »Kleine Mädchen mit den Schwefelhölzchen« sitzt am Neujahrsabend auf der Straße und versucht Schwefelhölzchen zu verkaufen. Aber niemand kauft ihr ein Hölzchen ab. Schließlich zündet sie die Hölzchen an, eines nach dem andern. In dem flackernden Lichtschein sieht sie wärmende

Zündholzschachteln sind begehrte Sammelobjekte. Zündholzschachtelsammler nennt man Philumenisten.

Bilder: einen Weihnachtsbaum, ihre Großmutter. Am Neujahrsmorgen ist das kleine Mädchen erfroren. Sie hat ein Lächeln auf dem Gesicht und einen Bund abgebrannter Schwefelhölzchen in der Hand.

In Gegenden mit viel Wald, in Deutschland, in Österreich und in Schweden, wurden die Phosphorzündhölzer seit den 1830er Jahren industriell hergestellt. Weiche Hölzer, vorwiegend Pappelbäume, aber auch Eschen, Fichten oder Tannen wurden mit Maschinen geschnitten. In Spezialfabriken wurden die Hölzchen dann mit Zündköpfen versehen. Mit einem Ende wurden die Hölzchen in geschmolzenen Schwefel getaucht. Wenn der Schwefel getrocknet war, kam die Zündmasse dran. Dieser Überzug für den Zündkopf bestand aus einem Gemisch aus fein zerteilten Phosphorstückchen, Leim, Gummi und anderen Bindemitteln. Die Arbeit in den Zündholzfabriken war gefährlich: Explosionen gehörten zum Arbeitsalltag in diesen Fabriken. Und es gab noch eine andere gefährliche Berufskrankheit für die Arbeiterinnen und Arbeiter in den Zündholzfabriken: die Phosphornekrose. Das Einatmen der ziemlich giftigen Phosphordämpfe konnte zum kompletten Absterben des Unterkiefers führen.

Im Jahr 1847 wurde dann eine andere Phosphorart entdeckt: der rote, ungiftige Phosphor. Der österreichische Chemiker und

Mineraloge Anton Schrötter von Kristelli entdeckte diesen roten Phosphor. Nun hielt ein neues Element Einzug in die Zündholzindustrie und das Herstellen der Zündhölzer war nicht mehr lebensgefährlich.

Anfang des 20. Jahrhunderts wurde der weiße Phosphor in den Zündköpfen der Schwefelhölzchen verboten, in Deutschland im Jahr 1907 und in Österreich im Jahr 1912. Die neuen Zündhölzer nannte man Sicherheitszündhölzer. Sie wurden anfangs meist in Schweden hergestellt. Der Zündkopf heutiger Sicherheitszündhölzer besteht zu einem großen Teil aus Kaliumchlorat, aus Glasmehl, Schwefel, Farbstoff und Bindemitteln. Diese Zündhölzer kann man nicht mehr überall entzünden, für sie gibt es eigene, besondere Reibeflächen. In diesen Reibeflächen ist in kleinen Mengen roter Phosphor enthalten. Man streicht über die Reibefläche und – zisch! – die Flamme des Zündhölzchens leuchtet.

Warum brennen die Kerzen?

Geburtstagsparty, Weihnachtsfest, Chanukka, Neujahr: bei vielen wichtigen Festen und Feiern spielen Licht und Kerzen eine große Rolle. Für jedes Lebensjahr wird auf der Geburtstagstorte eine Kerze angezündet. Manchmal gibt es sogar noch eine Kerze mehr in der Mitte. Also wenn man neun geworden ist, neun Kerzen in einem Kreis und eine Extrakerze in der Mitte. Diese Extrakerze ist die Lebenskerze. In manchen Sagen oder alten Überlieferungen gibt es die Vorstellung, dass das Menschenleben eine glühende Kerze ist. Diese glühende Kerze brennt allmählich herunter und am Ende eines Menschenlebens auf der Erde verlöscht sie.

Geburtstagsorte

Wenn man auf ein Pusten, mit einem langen Atemzug, alle Kerzen auf der Geburtstagstorte auf einmal ausbläst, dann hat man einen Wunsch frei. Aber dieser Wunsch ist geheim und muss geheim bleiben, sonst geht er nicht in Erfüllung.

Am 11. Dezember 1708 schrieb die aus Heidelberg stammende Liselotte von der Pfalz, die Tochter des dortigen Kurfürsten, die mit Herzog Philipp I. von Orléans verheiratet war, einen Brief, in dem sie beschreibt, wie Weihnachten damals gefeiert wurde. Ein Christbaum taucht in ihrer Beschreibung auch schon auf.
»Ich weiß nicht, ob ihr ein anderes Spiel habt, das jetzt noch in ganz Deutschland üblich ist; man nennt es Christkindel. Da richtet man Tische wie Altäre her und stattet sie für jedes Kind mit allerlei Dingen aus, wie neue Kleider, Silberzeug, Puppen, Zuckerwerk und alles Mögliche. Auf diese Tische stellt man Buchsbäume und befestigt an jedem Zweig ein Kerzchen; das sieht allerliebst aus, und ich möchte es heutzutage noch gern sehen. Ich erinnere mich, wie man mir zu Hannover das Christkindel zum letztenmal kommen ließ.«
Im Lauf des 17. Jahrhunderts hat man begonnen, nicht nur in der Kirche sondern auch zu Hause Weihnachten zu feiern. Davor gab es Paradiesspiele oder Christgeburtspiele in der Kirche oder vor der Kirche. Ein Baum war hier auch immer dabei: der Paradiesbaum. Allmählich wurde aus diesem Baum der heutige Christbaum, der zum Gabenbaum wurde: Man hängte die Spielsachen für die Kinder an den Baum und begann, ihn zu schmücken. Mit Lametta oder Christbaumkugeln aus Glas, aus Metall und später aus Kunststoff.

Die Christbaumkugeln erinnern in ihrer Form noch ein wenig an die ehemaligen Äpfel des Paradiesbaums.

Die christliche Lichtsymbolik, Jesus Christus, der mit seiner Geburt Licht in die Welt bringt, taucht am Weihnachtsbaum in Form von Kerzen auf. Im 17. und 18. Jahrhundert waren Kerzen aus Bienenwachs aber noch sehr, sehr teuer. Nur ganz reiche Menschen konnten sich Kerzen am Weihnachtsbaum leisten. Zu Beginn des 19. Jahrhunderts wurden dann andere Kerzen entwickelt, Wachsersatzstoff-Kerzen. Die Kerzen wurden billiger. Und im Jahr 1841 gab es bereits ein neues Weihnachtslied, in dem auch die Kerzen auftauchen: »Am Weihnachtsbaum die Lichter brennen«.

In Wien hat die aus Berlin stammende Jüdin Fanny von Arnstein den Brauch des Christbaums eingeführt. Im Jahr 1816 gab es erstmals in einem kaiserlichen Palais in Wien einen Christbaum mit Kerzen. 1902 hatte man sogar schon elektrische Christbaumkerzen in Verwen-

Weihnachtsbaum im Technischen Museum in den 1960er Jahren

dung. Heute werden unterschiedlichste Christbaumkerzen verwendet: Wachskerzen, elektrische Kerzen, Duftkerzen und nicht zu vergessen die Funken sprühenden Wunderkerzen. Viele Geschäftsstraßen haben eine eigene Weihnachtsbeleuchtung. In den Fenstern der Wohnungen, aber auch in den Auslagen, gibt es Weihnachtslichterketten. Auch an den Hausfassaden werden bei uns farbig leuchtende Weihnachtsdekorationen angebracht.

Das jüdische Lichterfest heißt Chanukka. Es wird am 25. Tag des jüdischen Monats Kislew gefeiert. Kislew dauert 29 oder 30 Tage und ist im November und Dezember. Chanukka erinnert an die Wiedereinweihung des zweiten jüdischen Tempels in Jerusalem nach den kriegerischen Auseinandersetzungen der Juden mit den Griechen im Jahr 165 vor Christus. In der Öllampe im Tempel war damals nur mehr ganz, ganz wenig Öl. Es sah so aus, als würde es nur für einen Tag reichen. Aber wie durch ein Wunder brannte das Öllämpchen im Tempel ganze acht Tage.

Chanukka-Leuchter

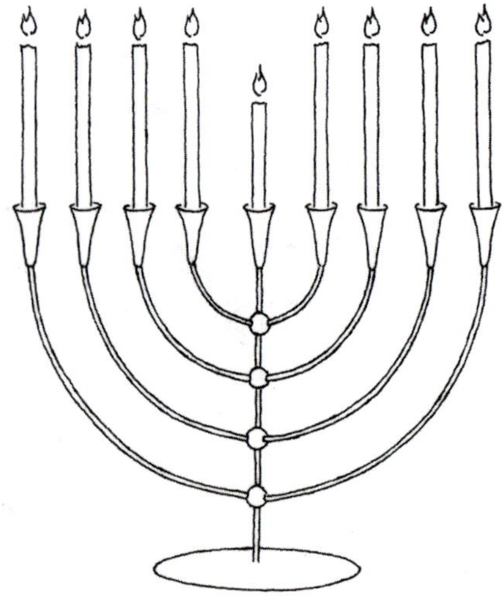

Daran erinnern die acht Arme des Chanukka-Leuchters. Eigentlich hat der Chanukka-Leuchter neun Arme, der neunte Arm ist der Diener, der Schamas, mit dem man die anderen acht Kerzen anzündet. Jeden Tag wird eine weitere Kerze angezündet. Der Chanukka-

Leuchter wird ins Fenster gestellt, damit er gut sichtbar ist. Chanukka wird zu Hause gefeiert, es gibt Geschenke und Süßigkeiten und spezielle Chanukka-Lieder. Chanukka ist ungefähr zur gleichen Zeit wie Weihnachten, zur Zeit der Wintersonnenwende. Die Feste haben einander immer wieder beeinflusst, manchmal wird »Weinukka« gefeiert.
Auch ältere Kulturen, wie die Römer und die Perser, haben um diese Jahreszeit schon Lichtfeste gefeiert.

Was macht das Licht im Theater?
Das Licht am Theater hat viele besondere Aufgaben. Anders als das Licht im Wohnzimmer zu Hause oder die Straßenbeleuchtung setzt das Licht im Theater auf Tricks und Effekte. Da muss ein und derselbe Mensch einmal freundlich aussehen, einmal geheimnisvoll und einmal wie der Oberbösewicht.
Du kannst das selbst zu Hause mit der Taschenlampe ausprobieren: das Gesicht von der Seite anleuchten, von unten anleuchten, von vorne anleuchten. Wann wird das Gesicht dämonisch, wann wird das Gesicht ganz flach, wann treten die Konturen des Gesichts scharf hervor?
Im Theater wie im Film hat das Licht die Aufgabe, die Handlung zu unterstützen. Ob unheimlich oder spannend, ob Verfolgungsjagd oder Liebesszene, ob gruselig oder komisch, immer spielt das Licht eine entscheidende Rolle. Wie wir die Szene wahrnehmen, ob wir die Gefühle teilen, das hat viel mit der Lichtstimmung zu tun. Beim Filmdrehen muss zusätzlich ein eigenes konstantes Licht erzeugt werden. Oft wird am gleichen Ort an ganz unterschiedlichen Tagen mit

unterschiedlichem Wetter oder zu verschiedenen Tageszeiten gedreht, trotzdem muss die Helligkeit, die wir dann im Kino sehen, immer gleich sein. Deshalb muss sich der Film sein eigenes Licht machen, unabhängig vom natürlichen Licht.

Scheinwerfer für Filmaufnahmen in den 1950er Jahren

Im Theater gibt es Beleuchtungsbrücken, auf denen Hunderte oder Tausende von Scheinwerfern hängen. Jeder Scheinwerfer hat eine genaue Position und ist nummeriert. Beleuchter sprechen dann vom 54er oder vom 612er und wissen genau, welcher Scheinwerfer gemeint ist.

Mit einem Spot wird etwas auf der Bühne punktgenau beleuchtet. Vom Fluten spricht man, wenn etwas breit und flächig ausgeleuchtet wird.

Die am häufigsten verwendeten Theaterscheinwerfer sind die PAR-Scheinwerfer, die aus einem Alurohr mit Deckel bestehen, in den die Lampe eingesetzt wird. Mit Profilern kann man etwas scharf abbilden. Im Normalfall sind es Lichtkreise. Große Profiler nennt man in der Bühnensprache auch Verfolger-Scheinwerfer. Mit Verfolgern kann man einen Lichtkreis von bis zu zwei Metern Durchmesser auf der Bühne erzeugen. Man kann den Lichtstrahl aber auch verformen, ihn eckig machen oder mit einem Muster versehen. Gobos sind ganz dünne Masken, die man in den Strahlengang eines Scheinwerfers bringt, um den Licht-

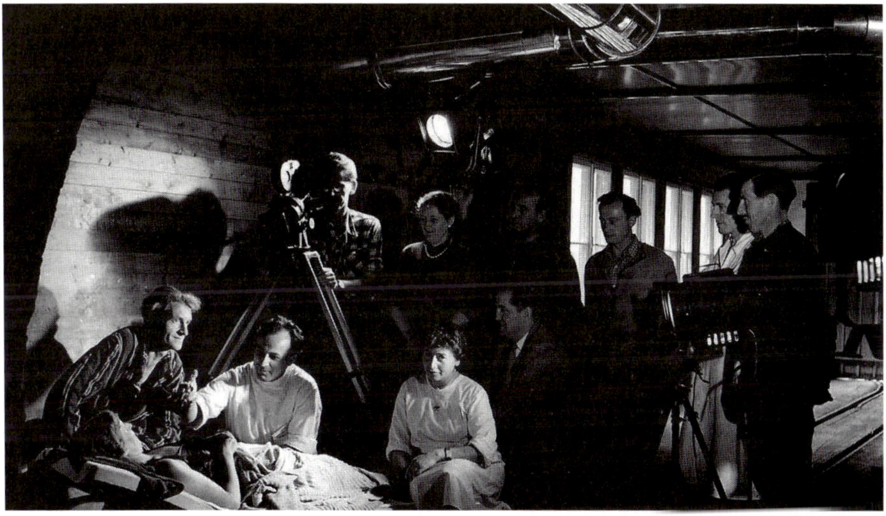

Filmaufnahmen in den 1950er Jahren

strahl zu verändern. Mit diesen Gobos kann man auf jeder Oberfläche Muster erzeugen.

Früher sind große Lichtanlagen im Theater, in Diskotheken und Konzertsälen am Steuerpult von Hand aus geregelt worden. Heute läuft das Programm des Lichtpults oder Lichtstellpults vollautomatisch vom Computer gesteuert ab. So wie alle Lichtquellen eine genaue Positionsbezeichnung im Raum haben, haben sie auch eine genaue elektronische Adresse, mit der sie angesteuert werden. Der gesamte Lichtablauf für eine Theateraufführung wird festgelegt und programmiert. Trotzdem sitzt jemand von der Lichtregie am Pult, falls auf der Bühne etwas schief gehen sollte.

Auf der ganzen Welt wird für die Steuerung der Lichttechnik ein einheitliches Steuersignal verwendet. Es heißt DMX-512, DMX steht für Digital Multiplex. Dieses einheitliche Steuersignal wurde im Jahr 1986 vom United States Institute for Theatre Technology festgelegt.

Wo viel Licht ist, ist auch viel Schatten.

Heißt:

Etwas, das viele positive Seiten hat, hat auch viele negative Seiten.

Jetzt ist dir ein Licht aufgegangen.

Heißt:

Jetzt hast du etwas auf einmal, plötzlich, wie von selbst verstanden.

Du bist keine große Leuchte.

Heißt:

Du bist nicht besonders schlau.

Sie scheuen das Licht.

Heißt:

Sie wollen nicht, dass andere herausfinden, was sie tun. Ganz wörtlich hielt man früher die Vampire oder Hexen, die Trolle oder Geister für lichtscheu. Heute meint man damit oft Verbrecher, die nicht wollen, dass man herausfindet, was sie getan haben.

5

Wie gibt man mit Licht Zeichen?

Wieso leuchten die Türme?

Bereits in der Antike haben die Menschen Holzfeuer angezündet, um den Schiffen den sicheren Weg in den Hafen zu weisen. In dunklen mondlosen Nächten konnten die Seeleute nicht einmal das Meer und die Küste voneinander unterscheiden. Sie brauchten Lichtquellen um sich zu orientieren und herauszufinden, wo die Küste ist. Am Strand, auf Klippen oder auf küstennahen Hügeln wurden offene Holzfeuer errichtet, um den Schiffen bei der Navigation zu helfen. Immer wieder haben Piraten diese Signale oder Seezeichen missbraucht und Schiffe mit falschen Leuchtfeuern in die Irre gelockt. Diese Schiffe haben die Piraten dann überfallen und ausgeraubt.

Ein ganz berühmter Leuchtturm der Antike befand sich vor der Nordküste Ägyptens. Hier, auf der Insel Pharos, stand ein riesiger Leuchtturm, der als eines der sieben Weltwunder gilt. Die Nordküste Ägyptens mit ihren vielen Sandbänken und Untiefen war für Seefahrer höchst

gefährlich. Der 120 Meter hohe Leuchtturm sah aus wie eine Stufenpyramide und war aus weißem Marmor. Von dieser Insel Pharos haben viele Sprachen ihr Wort für Leuchtturm: auf italienisch und spanisch heißt Leuchtturm »faro« und auf französisch »phare«.

Linse

Eine Linse ist ein optisches Bauelement, das aus zwei Licht brechenden Flächen besteht. Mindestens eine dieser Flächen ist konvex, nach außen, oder konkav, nach innen, gewölbt. Konvexlinsen sind in der Mitte dicker als am Rand. Konkavlinsen sind in der Mitte dünner als am Rand.

Auch die Römer bauten in der Antike Leuchttürme mit Feuerkörben an der Spitze. Diese Leuchttürme waren aus Stein, im Jahr 400 n. Chr. gab es 30 davon. Bis ins Mittelalter wurde in deren Feuerkörben Holz, Kohle oder Öl für die Lichtsignale verbrannt.

Im Jahr 1822 baute der französische Techniker Augustin-Jean Fresnel eine neuartige **Linse**, die viele Jahrzehnte auf Leuchttürmen verwendet wurde. Diese Fresnel-Linse besteht aus ringförmigen aufeinander gesetzten Teilstücken, die immer größer werden. Vier solche Linsen sind auf einem Drehgestell montiert, in dessen Mitte sich eine Lampe befindet. Dreht sich das Gestell im Kreis, geht der Lichtstrahl weit über das Meer oder die Küste. So entsteht ein richtiges, sich drehendes Leuchtfeuer.

Fresnel Linse – Das Licht wird beim Ein- und Austritt gebrochen, dadurch leuchtet es besonders weit

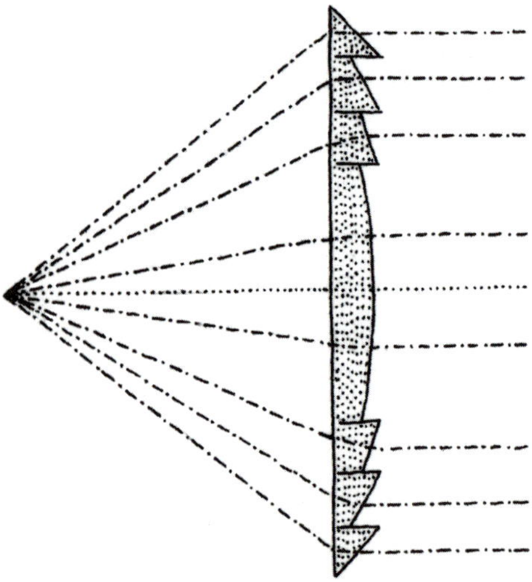

Auch heute senden die Leuchttürme ihre Lichtstrahlen entlang der Küste weit über das Meer und warnen Schiffe vor Gefahren wie Felsen, Untiefen oder flachem Wasser. Das Licht der heutigen Leuchttürme wird jedoch von Glühlampen erzeugt.

Fresnel-Projektor in der Verkehrsabteilung des Technischen Museums

Das Licht dieser Glühlampen wird von mehreren Linsen, die sich drehen, verstärkt. So entsteht eine Art Blitzlicht-Gewitter. Um das Licht auf der Spitze des Leuchtturms haben sich jahrhundertelang die Leuchtturmwärter gekümmert. Heute wird das fast nirgends mehr von Hand gemacht: Das Signallicht wird bei Dämmerung automatisch angestellt und bei Sonnenaufgang wieder abgeschaltet.

Was ist ein LED?

In der Welt der Elektronik sind sie über all zu finden, die LEDs. Die laufende Leucht-Schrift im Autobus, die Anzeige auf der Fernbedienung, die Beleuchtung der Flüssigkristall-Anzeige vom Mobiltelefon, die Statusanzeige auf dem Geschirrspüler, das Rücklicht vom Fahrrad und und und ...

Diode

Die Diode ist ein elektrisches Bauelement, dessen Widerstand ganz stark von der Polarität (= Gegensätzlichkeit) der angelegten elektrischen Spannung abhängt. Sie ist für den elektrischen Strom nur in einer Richtung durchlässig.

LED ist die Abkürzung für »Light Emitting Diode«, Licht aussendende **Diode**, oder Leuchtdiode.

LEDs sind winzig klein, von 0,5 bis zu 10 mm groß. Im Gegensatz zu Glühlampen brennen die LEDs nicht aus und werden auch nicht sehr heiß. LEDs werden aus speziellen Materialien, den Halbleitern, gebaut. In den meisten Fällen verwendet man dazu das Metall Silicium. Solche Halbleiter haben ganz bestimmte Eigenschaften: Sie können den elektrischen Strom bei Zim-

LED

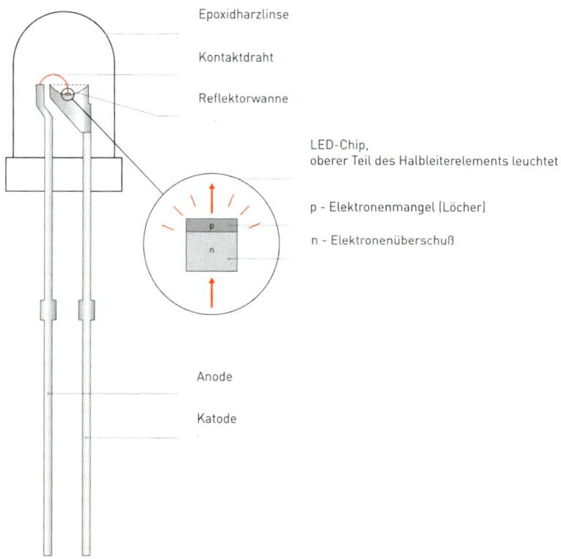

LED-Anzeige
Ob im Autobus, in der U-Bahn oder im Schwimmbad, an vielen Orten gibt es die laufenden Leucht-Schriften

mertemperatur nicht so gut leiten wie Kupfer oder Silber, aber viel besser als die Nicht-Leiter (Isolatoren) Porzellan oder Kunststoff. Ihre Leitfähigkeit hängt stark von der Temperatur ab. Bei höherer Temperatur leiten sie besser, bei niedriger schlechter.

Dioden leiten den Strom nur in eine Richtung, die man Flussrichtung nennt. Der Strom fließt immer von vom Plus-Pol zum Minus-Pol, von der Anode zur Kathode. Legt man nun an die LEDs eine ELEKTRISCHE SPANNUNG an, dann strahlen sie Licht ab. Leuchtdioden brauchen nur eine Spannung von 1,5 bis 2 Volt, damit der Strom zu fließen beginnt. Je nach verwendetem Material leuchten die Dioden in unterschiedlichen Farben: rot, grün oder gelb.

ELEKTRISCHE SPANNUNG

Elektrische Spannung könnte man mit dem Wasserdruck in der Wasserleitung vergleichen. Elektrische Spannung ist die Ursache für das Fließen des Stroms so wie der Wasserdruck in der Wasserleitung das Wasser zum Fließen bringt. Die Spannung misst man in Volt.

Gibt es Laserschwerter wirklich?

Laserschwerter gibt es nur in den Händen von Jedis und Siths. Also nur im Kino in den Star-Wars-Filmen. Im englischen Original heißen die Laserschwerter »Light Sabers«. Diese Lichtschwerter haben eine Klinge mit einer extrem hell leuchtenden Energieentladung. Mit den Lichtschwertern liefern die Gegner einander spektakuläre Kämpfe. Die explosive Mischung aus hypermoderner Zukunftstechnologie und mittelalterlichem Rittertum ist das Markenzeichen der Star-Wars-Filme von George Lucas. Wirkliche Laserschwerter hat noch niemand zu Hause nachgebaut. Zwei junge Erwachsene in England haben probiert im Selbstbau ein Laserschwert herzustellen und sind mit schweren Verletzungen ins Spital eingeliefert worden. Nur die Special Effects-Experten

entwerfen solche Licht-Waffen. Die Farbe der Lichtschwerter wird durch einen im Griff eingearbeiteten Machtkristall bestimmt. Die Jedis verwenden natürliche Kristalle, die Siths künstliche Kristalle. Es gibt auch Doppelklingen-Lichtschwerter, die einen längeren Griff haben, aus dessen beiden Enden jeweils eine Laser-Klinge projiziert werden kann.

Laser verwendet man in der Supermarktkasse oder im CD-Player, aber auch in der Medizin. Intensiv gebündelte Laserstrahlen können in Bruchteilen von Sekunden Körpergewebe durchtrennen und ausbrennen. Das umliegende gesunde Gewebe wird dabei nicht beschädigt. Man verwendet Laser auch, um Löcher in Knochen zu bohren oder für Wurzelbehandlungen in der Zahnmedizin. Laserlicht kann extrem große Entfernungen zurücklegen ohne an Intensität zu verlieren.

Im Weltall sind Laser deshalb ideale Kommunikationsmittel.

Laser

LASER heißt: »Light Amplification by Stimulated Emission of Radiation« (Lichtverstärkung durch angeregte Strahlung). Ein Laser erzeugt stark gebündeltes Licht. Im Gegensatz zu anderem Licht besteht das Laserlicht aus geordneten Wellen mit gleichmäßigen Wellenbergen und Wellentälern. Alle Wellen des Laserlichts gehen in die gleiche Richtung und haben genau die gleiche Farbe. Das macht Laserstrahlen so viel stärker als normales Licht.

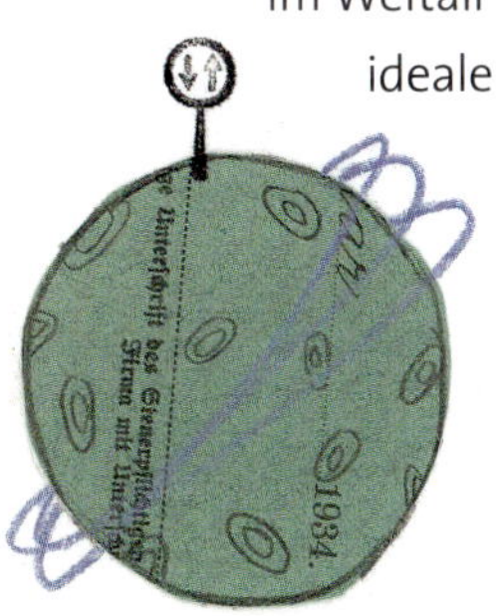

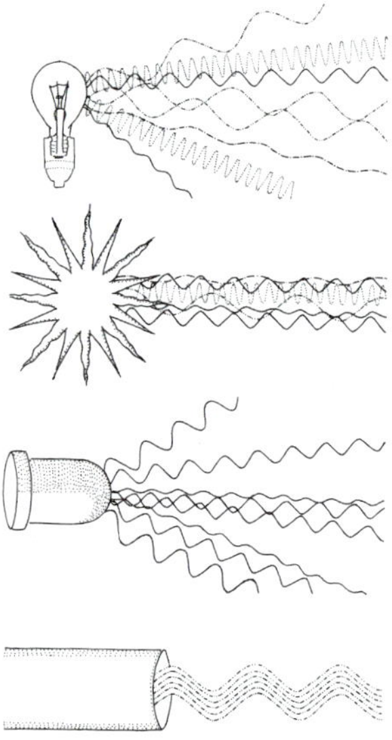

Wer ist mit Blaulicht unterwegs?

Martin-Horn

Das Martin-Horn hat seinen Namen von der Firma Deutsche Signal-Instrumenten-Fabrik-Max B. Martin, die ursprünglich Jagdhörner hergestellt hat. 1932 wurde gemeinsam mit der Polizei und den Feuerwehren ein Mehrtonhorn entwickelt.

Sieht man auf der Straße ein Fahrzeug, das mit Blaulicht unterwegs ist, oder hört man das charakteristische Ta-Tü-Ta-Ta des **Martin-Horns**, weiß man sofort, dass man schnell ausweichen muss. Diese Einsatzfahrzeuge mit Blaulicht haben nämlich immer Vorrang. In Deutschland müssen die Einsatzfahrzeuge sowohl das Blaulicht als auch den Signalton einschalten. In Österreich genügt eines der beiden Signale, also entweder blinkendes blaues Licht oder Ta-Tü-Ta-Ta. Feuerwehr, Polizei, Zoll, Rettungsdienst, Katastrophenschutz, Gas-, Elektrizitäts- oder Wasserversorgungsunternehmen, Militärpolizei und Unfallshilfewagen der öffentlichen Verkehrsbetriebe zählen zu den so genannten Blaulichtorganisationen. Sie alle können bei Bedarf ihr Blaulicht einschalten.

Diese blinkenden blauen Lichter haben auch einen langen, komplizierten Namen. Sie heißen **Rundumkennleuchten**. Das Blaulicht für Einsatz-, Unfalls- oder Gefahrenstellen wurde im Jahr 1933 eingeführt. Aber in den 1930er Jahren blinkte das Blaulicht noch nicht. Es war einfach ein gleichmäßig ruhig leuchtendes blaues Licht. Blaue Rundumkennleuchten gibt es seit den 1950er Jahren. Dieses blinkende Blaulicht kann fest auf dem Fahrzeugdach befestigt sein. Es gibt aber auch Blaulicht auf Magnethaltern oder mit anderen Steckvorrichtungen, die Polizistinnen und Polizisten in Zivilstreifen bei Bedarf einfach schnell auf das Autodach hinaufklappen.

Es gibt auch Rundumkennleuchten, die nicht blau sind. Fahrzeuge, auf die man im Straßenverkehr wegen ihrer Größe oder ihrer speziellen Ladung besonders Rücksicht nehmen muss, haben gelbes Licht. Schneepflüge, Müllfahrzeuge, Schwertransporte, LKWs mit gefährlicher Ladung oder landwirtschaftliche Maschinen verwenden gelbe Rundumkennleuchten. Auch die Fahrzeuge der Pannenhilfe haben Gelblicht. In den USA und in Großbritannien hat die Feuerwehr kein Blaulicht, sondern Rotlicht.

Rundumkennleuchte

In der Mitte einer Rundumkennleuchte oder Drehspiegelleuchte ist eine Glühlampe. Um diese Glühlampe herum dreht sich ein Hohlspiegel als Reflektor. Dieser Reflektor verstärkt das Licht aus der Glühlampe und bündelt es so, dass es nur in eine Richtung abstrahlt. Der Reflektor dreht sich. Das Licht wird also rundherum gleichmäßig abgestrahlt und bewegt sich im Kreis. So entsteht der blinkende Lichteffekt. Statt der klassischen Rundumkennleuchte werden heute zunehmend Stroboskop-Blitzleuchten verwendet, die in regelmäßigen Abständen Lichtblitze abgeben.

Stell dein Licht nicht unter den Scheffel.

Heißt:

Du sollst deine Leistungen nicht bescheiden verschweigen, sondern selbstbewusst zeigen.

Diese Redewendung hat ihren Ursprung in der Bibel, in der so genannten Bergpredigt. Ein Scheffel ist ein anderes Wort für einen Bottich oder Holzeimer. Am Sabbat, ihrem heiligen Tag, stellten die Juden eine Öllampe unter einen Scheffel. Der Scheffel wurde mit einem Holzkeil gekippt, so gelangte weniger Sauerstoff zur Flamme und das Öl reichte länger. Denn am Sabbat, von Freitagabend Sonnenuntergang bis Samstagabend, wenn drei Sterne am Himmel stehen, durfte nicht gearbeitet, also auch kein Licht angezündet werden. Stellte man das Licht unter den Scheffel, so reichte es über den ganzen Sabbat.

Du bist über deinen Schatten gesprungen.

Heißt:

Du hast dich überwunden etwas zu tun, was dir eigentlich unmöglich erschien und was auch andere für unmöglich hielten. Physisch ist es tatsächlich unmöglich, über seinen eigenen Schatten zu springen. Im übertragenen Sinn kann man jedoch über sich hinauswachsen und so über seinen Schatten springen.

Das Licht am Ende des Tunnels.

Heißt:

Das Ende einer langwierigen Arbeit oder einer schwierigen Situation ist bereits abzusehen.

Wo ist es wirklich dunkel?

KARBIDLAMPE

Kalziumkarbid ist eine schwarze steinartige Substanz. Karbid wird aus Kalkstein, Kalziumkarbonat, gewonnen. Der Kalkstein wird gemeinsam mit Koks bei ungefähr 1000° Celsius gebrannt. Vier Teile Kohle und sieben Teile Kalk ergab Kalziumkarbid. In der Karbidlampe wird auf einen Karbidbehälter ein Wasserbehälter aufgesetzt und fest angeschraubt. Der Wasserbehälter hat eine Wasserfüllschraube und ein Ventil mit einem Drehstift. Dreht man an diesem Stift, so wird das Austreten des Wassers am Boden des Wasserbehälters reguliert. Das Kalziumkarbid reagiert mit dem Wasser und man hat das leicht entzündliche Acetylen-Gas. Dieses Gas wird an einer Brennerdüse entzündet. Es hat eine helle Flamme, die nur wenig rußt. Das Gas wird am so genannten Brenner, einer Metallhülse mit Specksteineinsatz, entzündet. Manche Karbidlampen hatten eine Art fest montiertes Feuerzeug, um das Gas anzuzünden und das Kalziumkarbid zum Brennen zu bringen.

Warum tragen die Bergleute eine Lampe auf dem Kopf?

Unter der Erde in einem Bergwerk ist es ohne künstliches Licht ganz dunkel. Bereits in der Antike haben Bergarbeiter Öllampen, Talglampen, Kienspäne oder Kerzen verwendet, um ihre dunklen Arbeitsorte zu beleuchten. Wenn jedoch so ein Licht in einem Stollen ausgeblasen wurde, dann war es plötzlich stockfinster.

Im 18. und im 19. Jahrhundert sind viele neue Lampen entwickelt worden. Es gab Gaslampen, Kerosinlampen und KARBIDLAMPEN. Um 1900 waren Öllampen kaum mehr in Verwendung. Die Karbidlampe leuchtete zehn Mal heller als das Geleucht (Bergmannsprache für Leuchte), das die Bergleute bis dahin zur Verfügung hatten. Die Karbidlampen gab es in unterschiedlichsten Formen: als Handgeleucht, als Kopfleuchte, als prunkvolle Paradeleuchte. Um die Hände zum Arbeiten frei zu haben, wurden die Karbidlampen auf die Lederhelme der Bergarbeiter aufgesetzt.

Elektrische Taschenlampen gab es bereits vor hundert Jahren. Jedoch sahen diese Taschenlampen anders aus als unsere heutigen leichten, kleinen und bunten Taschenlampen. Damals waren Taschenlampen schwer und teuer. Heute werden Grubenlampen verwendet, die Blei- oder Trockenakkus haben. Um 1960 wurden dann die elektrischen Stirnlampen eingeführt. Jeder Bergmann hat seine persönliche GRUBENLAMPE. Diese Lampen werden zu Beginn jeder Arbeitsschicht eingeschaltet und zu Ende der Schicht an die Akkus ange-

Das Schaubergwerk im Technischen Museum Wien

hängt und wieder aufgeladen. Man darf sie nie abschalten, denn bei einem Stromausfall im Bergwerk sind sie die einzige Lichtquelle für die Bergleute.
Wie es in einem Bergwerk ausgesehen hat, kannst du bei einem Besuch des Schaubergwerks im Technischen Museum Wien erleben.

Grubenlampe

Die Grubenlampe, ist die Sicherheitslampe, die Bergleute mit in den Berg nehmen.

Bergarbeiter können ohne Licht nicht arbeiten

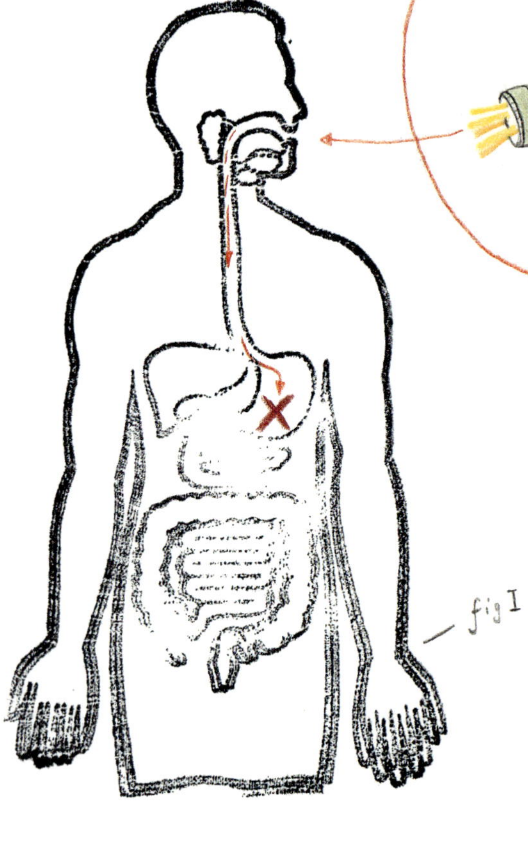

Endoskop

Das Endoskop ist ein medizinisches Untersuchungsgerät, mit dem das Innere des menschlichen Körpers untersucht werden kann. Heute kann man mit einem Endoskop auch kleine operative Eingriffe durchführen oder Gewebeproben entnehmen. Ein Endoskop kann entweder ein starres Rohr mit einer Beleuchtungseinrichtung (Lampe) und Linsen sein oder ein biegsames Kabel als Lichtleiter aus einem Glasfaserbündel. Dabei erfolgt die Bildübertragung über das Leitbündel, der Lichttransport über die umgebenden Lichtleiterfasern. Glasfaserbündel dienen daher sowohl der Beleuchtung als auch der Übertragung von Bildern. So können Bildinformationen aus dem dunklen Körperinneren gewonnen werden.

Wie kann man in den Körper hineinschauen?

Der erste Mensch, in dessen Magen ein Arzt mit einer Lichtquelle hineingeschaut hat, war ein Schwertschlucker. Das war im Jahr 1868. Der Patient hat diese erste Endoskopie, die Ausleuchtung und Untersuchung des Mageninneren, überlebt. Heute verwendet man in Ambulanzen und Ordinationen Glasfaser-Bildleiter und Videokabel. Die dunkle Magenhöhle wird ausgeleuchtet und man macht Bilder für die Untersuchung. So ein heutiges **Endoskop** für die Untersuchung des Magens ist einen Meter lang und hat einen Durchmesser von weniger als einem Zentimeter. Mit starken Lichtquellen wird der Magen komplett ausgeleuchtet. So kann man auch Videoaufzeichnungen des Mageninneren machen.

Über einen Kanal wird Luft in den Magen hinein geblasen. Ein anderer Kanal saugt Sekret und Mageninhalt ab. Solche Magenuntersuchungs-Endoskope, man nennt sie auch Gastroskope, sind weich und extrem biegsam. Jeder Teil des Magens kann so im Detail ausgeleuchtet und untersucht werden. Es gibt aber auch starre Endoskope. Starre Endoskope verwendet man für alle nicht natürlichen Körperöffnungen, wie zum Beispiel bei einer Operation, und flexible Endoskope für alle natürlichen Körperöffnungen, das ist zum Beispiel die Mundhöhle.

Lichtleiter

Ein Lichtleiter besteht aus lichtdurchlässigem Material und wird nach verschiedenen Verfahren aus geschmolzenem Glas hergestellt. Für Endoskope verwendet man Lichtleiter, die aus einem Glaskern, der von einem Mantel aus biegsamen Glasfasern umgeben ist, bestehen. Lichtleiter für Endoskope bestehen aus bis zu 20 000 Glasfaserbündel. Zum Schutz gegen Beschädigungen befinden sich die Faserbündel in biegsamen Metall- oder Kunststoffschläuchen.

Im Jahr 2000 haben israelische und britische Forscher eine Kapsel – die Pill-Cam – vorgestellt, die durch den Magen wandern kann und vielleicht in Zukunft das Endoskop ersetzen wird. Diese Kapsel misst 11 mal 30 Millimeter, also etwa so groß wie eine größere Tablette. In ihrem winzigen Inneren befindet sich eine Lichtquelle, eine Kamera und ein Sender.

Mit Endoskopen untersucht man den Magen und den Darm, den Gallengang, die Bauchhöhle, die Harnblase, die Gebärmutter, die Luftröhre, die Lunge, den Kehlkopf, aber auch Gelenke, Augen und Ohren. Heute gibt es sehr, sehr dünne Endoskope. Solche dünnen Endos-

Eine Pill-Cam ist eine Kapsel, die verschluckt wird und im Inneren des Körpers Bilder macht und nach außen sendet

Pill-Cam

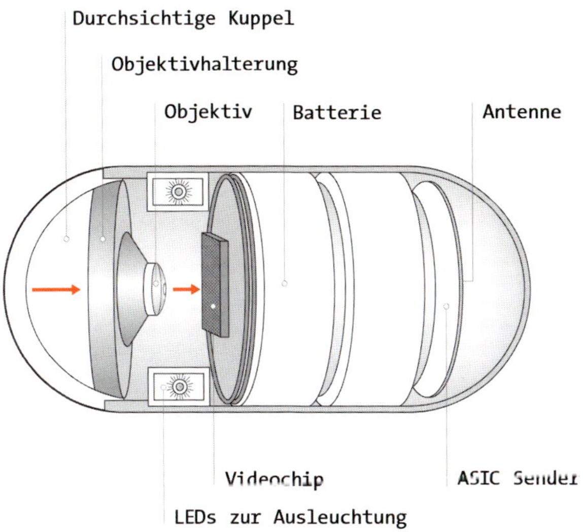

kope kommen für die Untersuchung von Kindern zum Einsatz. Während Erwachsene für eine Endoskopie keine Narkose bekommen, wird eine Endoskopie bei Kindern in den meisten Fällen mit einer Narkose durchgeführt. Spezialisierte Kinderchirurginnen und -chirurgen führen diese Untersuchungen durch.

Sie führen ein Schattendasein.

Heißt:

Sie werden nicht beachtet, sie gelten als unwichtig.

Du stehst im Schatten von jemandem.

Heißt:

Nur die andere Person wird wahrgenommen und für wichtig erachtet, du aber nicht.

Im Reich der Schatten.

Heißt:

Bei den Toten.

Du bist nur noch ein Schatten deiner selbst.

Heißt:

Du fühlst dich ganz schwach, nicht energiegeladen, nicht tatkräftig, nicht so aktiv wie sonst.

Was machen Licht und Schatten?

Wie spielen die Schatten?

Das einfachste Schattentheater kannst du mit deinen Fingern machen. Deine Finger werfen Schatten an die Wand. Du kannst die anderen raten lassen, welche Figuren du gemacht hast. Oder die sich bewegenden Figuren können sogar eine kurze Geschichte erzählen.

Das Schattenspiel ist eine besondere Art Theater zu spielen. Entstanden ist dieses Theater in Asien. Farbige, schwarze oder weiße Schatten werden auf eine beleuchtete Leinwand geworfen. Diese Schatten spielen Theater.

Die Schatten kann man auf verschiedene Art machen. Meistens hat man flache Figuren, die ganz dicht an der

Leinwand entlang geführt werden und oft mit bunten Folien bespannt sind. Sie werden von den Schattenspielern zwischen einer Leinwand, also einer Fläche, die das Licht durchlässt, und einer Lichtquelle, die hinter der Leinwand angebracht ist, mit Stäben hin- und herbewegt. So entstehen die Schatten, die die Geschichte erzählen und miteinander Schattentheater spielen.

Das Publikum sitzt hinter der Leinwand. So können die Zuschauer nur die geheimnisvollen Schatten sehen, aber nicht, wie diese Schatten entstehen. In Indonesien gibt es eine besondere Form des Schattentheaters, das Wayang heißt. Die Zuschauerinnen und Zuschauer können sich aussuchen, auf welcher Seite sie sitzen wollen. Sie können auch auf der Rückseite der Bühne sitzen und den Schattenspielern bei ihrer Arbeit zusehen. Die Schattenspieler machen die Bewegungen der Figuren, ein Erzähler begleitet sie und erzählt die Geschichte, manchmal gibt es auch noch Musik dazu. Im 17. Jahrhundert ist diese Art des Theaters aus China und Indonesien nach Europa gekommen. Im 18. und 19. Jahrhundert war das Schattenspiel in vielen Ländern Europas sehr beliebt.

Indonesische Schattenspielfigur

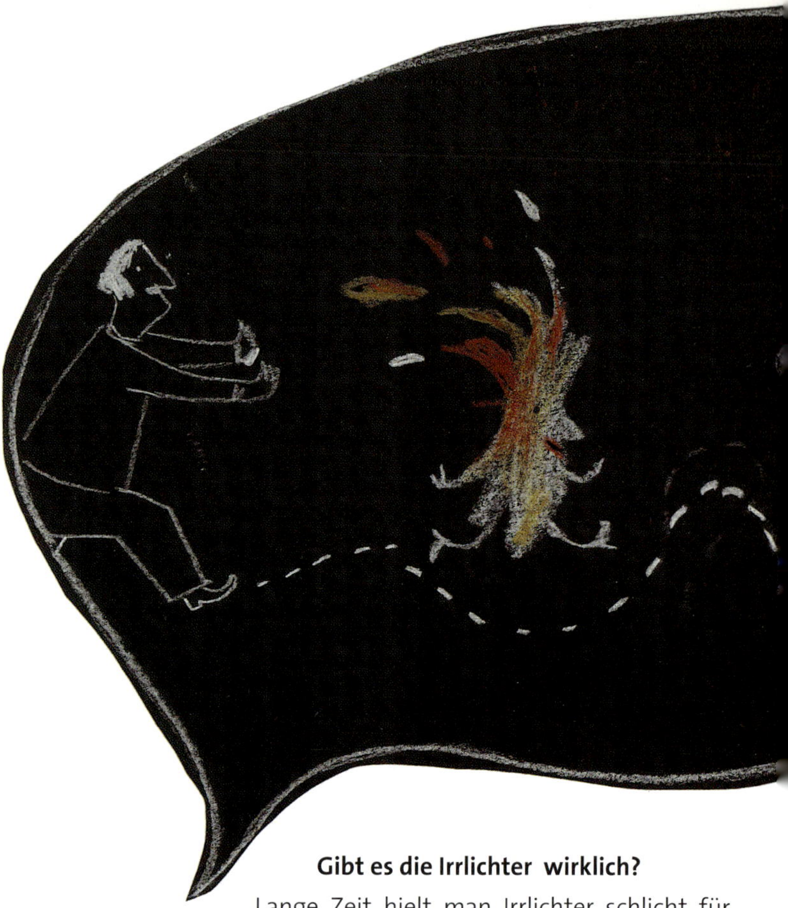

Gibt es die Irrlichter wirklich?

Lange Zeit hielt man Irrlichter schlicht für Hirngespinste oder aber für Verwechslungen mit Glühwürmchen. Seriöse Wissenschafter und Wissenschafterinnen glaubten nicht, dass es Irrlichter gibt.

Aber es gibt sie. Im Jahr 1807 hat ein bedeutender deutscher Astronom namens Friedrich Wilhelm Bessel in der Nähe von Bremen bei völliger Dunkelheit über einem Moorgrund bläuliche Irrlichter beobachtet. Und dann haben

Wissenschafter begonnen, das Irrlichter-Phänomen ernst zu nehmen und auch zu untersuchen. **Irrlichter** sind ganz kleine Flämmchen, die auf sumpfigen Wiesen oder im Moor entstehen, vom Boden aufsteigen und ein paar Sekunden lang leuchten. Die Flämmchen sind 1 – 11 cm hoch und flackern und leuchten bläulich, rötlich, grünlich oder gelblich. Das Sumpfgas Methan und der Phosphorwasserstoff, auch Phosphin genannt, der oft in Sümpfen auftritt, entzünden sich selbst mit der Luft. Der Name Irrlicht kommt von den hüpfenden, umherirrenden Bewegungen der Irrlichter, aber auch daher, dass einen solche Lichter in der Dunkelheit der Nacht leicht in die Irre führen können und so vom richtigen Weg abbringen.

Irrlichter

In einer russischen Volkssage war das Irrlicht der Geist eines tot geborenen Babys, der zwischen Himmel und Hölle hin- und herwanderte. In einer englischen Sage war das Irrlicht ein kleiner, böser Kobold, der seine Opfer in die Gefahr lockte. Aber in den meisten Legenden und Sagen sind die Irrlichter freundliche Wesen. Man glaubte, dass man Irrlichter rufen kann und sie einem den Weg leuchten. Eine Bauernregel besagt: »Wenn im Moor viel Irrlichter stehn, bleibt das Wetter lange schön.«

Was macht die Sonnenuhr?

Eine Sonnenuhr bauen:

Um eine Sonnenuhr oder besser gesagt eine Schattenuhr zu bauen, nimmst du ein quadratisches Stück harten Kartons oder Pappe. Ungefähr 30 mal 30 cm. Dann brauchst du einen Stock oder einen Bleistift, den du aufrecht mit Knetgummi genau in der Mitte des Kartons befestigst. Dann gehst du mit deiner Sonnenuhr hinaus.

Wenn die Sonne ihren höchsten Punkt erreicht und genau im Süden steht, ist der Schatten auf deinem Karton am kürzesten und zeigt genau nach Norden. Bei Sonnenhöchststand ist es 12 Uhr Mittag. Nun machst du eine Markierung, wo der Schatten des Stocks hinfällt, und schreibst die Uhrzeit, also 12 Uhr,

Komplizierte Sonnenuhr

dazu. Jetzt lässt du eine Stunde vergehen und machst wieder eine Markierung, wo der Schatten hinfällt und schreibst die Uhrzeit dazu. Das kannst du nach jeder Stunde machen und so genau die Wanderung des Schattens verfolgen.

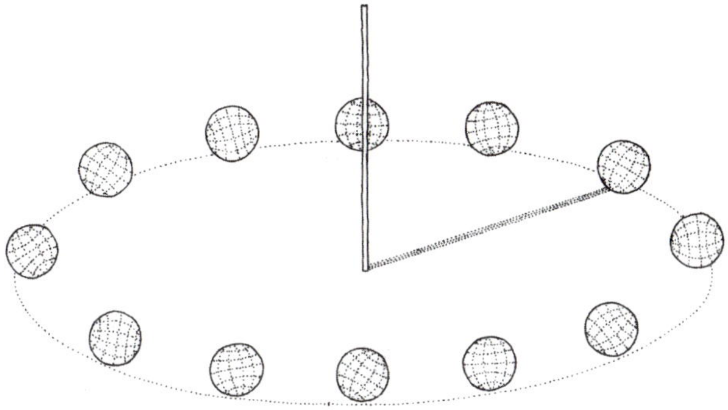

So kann eine selbst gemachte Sonnenuhr aussehen. Statt der Kugeln kannst Du auch Steine oder kleine Hölzer verwenden

Wenn man eine Sonnenuhr so baut, dass sie bei Sonnenhöchststand genau 12 Uhr anzeigt, dann wird diese Sonnenuhr immer die wahre Ortszeit anzeigen. Diese wahre Ortszeit nennt man auch wahre Sonnenzeit. Jeder Beobachtungspunkt auf der Erde hat dementsprechend eine andere Ortszeit.

Im 17. Jahrhundert hat der holländische Mathematiker Christiaan Huygens herausgefunden, dass Sonnenuhren im Lauf des Jahres im Vergleich zu genauen Uhren um bis zu 15 Minuten vor- oder nachgehen. Das hat damit zu tun, dass sich die Erde auf einer elliptischen Bahn um die Sonne bewegt und sich auf dieser Bahn mal langsamer und mal schneller bewegt. Deshalb variiert die Zeit zwischen den maximalen Sonnenhöhen. Darum hat man eine mittlere, gleichförmig gedachte Sonnenzeit festgelegt. In Deutschland, Österreich oder der Schweiz ist die Mitteleuropäische Zeit die gültige Ortszeit. Sie entspricht der mittleren Sonnenzeit des 15. Längengrads östlich von Greenwich, einem Londoner Stadtbezirk.

Sonnenuhren gehören zu den ältesten Zeitmessern. Bereits 500 Jahre vor Christus sind einfache Sonnenuhren verwendet worden. Ein senkrechter Schattenstab und Zeitmarkierungen, vor allem mit der Mittagslinie, dem so genannten Meridian, waren für diese Schattenuhren notwendig. Genauso wie für die Sonnenuhr, die du selber machen kannst.
Auf dem Marsfeld in Rom ließ der römische Kaiser Augustus eine riesige Sonnenuhr errichten. Der Schattenstab in der Mitte war ein ägyptischer Obelisk. Im Mittelalter wurden in Klöstern und in Stiften, aber auch auf den Sternwarten verschiedener Herrscher kunstvolle Sonnenuhren gebaut. Im 17. und 18. Jahrhundert gab es Taschensonnenuhren zum Einstecken, manche hatten sogar einen Kompass. Orte im Gebirge benannten ihre Berge nach dem Stand der Sonne und der Uhrzeit: der Zehnerkogel, der Elferkogel, der Zwölfer- oder Mittagskogel.

Bekommen auch Pflanzen Sonnenbrand?

Wenn wir zu lange in der Sonne bleiben und die Sonnenstrahlung zu stark ist, dann bekommen wir einen Sonnenbrand. So ein Sonnenbrand entsteht durch eine Überdosis ULTRAVIOLETTER STRAHLUNG. Diese so genannten UV-Strahlen können wir zwar nicht sehen, aber unsere Haut und unsere Augen bekommen die Strahlung zu spüren. Zuviel davon kann die empfindliche menschliche Haut stark verbrennen. Bei zu viel Sonne erweitern sich die Blutgefäße in der Haut. Das führt zu einem stärkeren Blutfluss, und die Haut wird gerötet. Bei einem starken Sonnenbrand ist die Haut wirklich verbrannt, entzündet und wirft sogar Blasen. Das ist äußerst schmerzhaft. Besonders sonnenbrandgefährdet sind die Schultern, die Nase und die Füße. Häufiger Sonnenbrand erhöht das Risiko, Hautkrebs zu bekommen.

ULTRAVIOLETTE STRAHLUNG

Die Ultraviolett-Strahlung sind elektromagnetische Wellen mit einer Wellenlänge von 5 bis 380 Nanometern. Die Ultraviolett-Strahlung ist für das menschliche Auge nicht sichtbar.

Sogar Pflanzen können einen Sonnenbrand bekommen. Durch zu viel Sonne bekommen Baumstämme Risse, oder die Rinde löst sich vom Stamm. So wie die Haut Sonnenbrandblasen bekommt, bekommen auch Blätter Brandblasen. Die Blätter verfärben sich, rollen sich ein und sterben ab. Dieser Sonnenbrand der Blätter hat einen eigenen Namen: Die Sonnenschäden nennt man Fuchs.

Das Wasser reflektiert das Sonnenlicht. Deshalb ist auch am Meer die Sonnenbrandgefahr höher. Wenn am Meer eine angenehme Brise weht, dann übersieht man leicht, wie stark die Sonne ist. Die kühlende Wirkung des Windes mindert die Stärke der energiereichen Ultraviolett-Strahlung nicht und man kann genau so leicht einen starken Sonnenbrand davon tragen wie bei Windstille.

Je höher man auf einen Berg hinaufsteigt, desto größer wird die Gefahr, einen Sonnenbrand zu bekommen. Die Atmosphäre der Erde filtert nämlich die UV-Strahlung nur teilweise. Schon in 5000 Meter Höhe ist die Erdatmosphäre dünner geworden und es kommt mehr gefährliche UV-Strahlung durch. Auf Gletschern und im Schnee erhöht sich die Sonnenbrandgefahr. Nicht nur die Haut kann hier empfindlich unter der Sonne leiden, sondern auch die Augen. In der Gletscherregion auf den Bergen, in großer Höhe im Gebirge oder in den Polarregionen kann man sogar schneeblind werden. Die Sonne ist stärker, und der Schnee spiegelt das Sonnenlicht. So wird man zur gleichen Zeit von oben und von unten bestrahlt.

Die UV-Strahlung wird vom Schnee reflektiert. Die Oberfläche der Hornhaut schluckt einen großen Teil dieser schädlichen Strahlung, um das innere Auge zu schützen. Wenn die Hornhaut dies über einen langen Zeitraum tun muss, dann bekommt die Hornhaut Sonnenbrand. Sie trägt Verbrennungen davon. In ganz schweren Fällen von Schneeblindheit kann sogar die äußerste Schicht der Hornhaut zerstört werden und löst sich ab. Das tut sehr weh. Diese Schneeblindheit ist kein Dauerzustand, man erblindet nicht für immer. Aber wenn man die Schneeblindheit nicht von einer Ärztin oder einem Arzt behandeln lässt, dann können Narben an der Hornhaut oder Schäden an der Netzhaut zurückbleiben.

Die Schattenseiten des Lebens kennen lernen.

Heißt:

Schwierige Erfahrungen machen, wie Armut, Krankheit, Leid, Trauer, Entbehrungen, soziales Elend ...

Etwas wirft seine Schatten voraus.

Heißt:

Ein Ereignis kündigt sich an.

Du fürchtest dich vor deinem eigenen Schatten.

Heißt:

Du bist extrem furchtsam und schreckhaft.

Du stellst jemanden in den Schatten.

Heißt:

Du stiehlst jemandem die Show, machst etwas viel besser als jemand anderer und erringst eine Menge Aufmerksamkeit.

Was leuchtet da?

Warum leuchten die Quallen?

Es gibt nicht nur die allseits bekannten Glühwürmchen, sondern auch Leuchtkrebse, leuchtende Tintenfische, Leuchtquallen und leuchtende Korallen. Insekten und Fische, aber auch Mikroorganismen wie Algen und Bakterien können Licht erzeugen. Mit ihren Leuchtsignalen locken die Lebewesen andere Tiere an. Dieses Anlocken hilft ihnen beim Beutefang oder bei der Partnersuche. Oder aber sie tarnen sich durch die Beleuchtung raffiniert vor ihren Feinden. Das Licht, das die Lebewesen ausstrahlen, ist immer einfarbig, man nennt diese Fähigkeit **Biolumineszenz**.

Biolumineszenz

Die Fähigkeit von Lebewesen, Licht zu erzeugen, nennt man Biolumineszenz. Das altgriechische Wort bíos bedeutet Leben und das lateinische Wort lumen heißt Licht – lebendiges Leuchten, so könnte man Biolumineszenz übersetzen. Die meisten Tiere, die Licht ausstrahlen, haben spezielle Leuchtorgane. Die Lichtausstrahlung entsteht durch biochemische Reaktionen in den Zellen.

Im Meer, zwischen 200 und 1000 Meter tief, dem so genannten **Mesopelagial**, leuchten fast 90 Prozent aller Lebewesen. Ob erfolgreiche Partnerwerbung oder gefinkelte Täuschung, ob gezielte Ablenkung oder Ködern, all dies wird im Unterwasserzwielicht mit Leuchtsignalen kommuniziert. Manche Tiere haben keine eigenen Leuchtorgane. Der Anglerfisch, der mit einer leuchtenden Angel in der Tiefsee kleine Fische vor sein Maul lockt und fängt, kann gar nicht selbst leuchten. Bakterien, die in seinem Anglerorgan leben, machen für ihn die leuchtende Angel. Diese Art des Zusammenlebens nennt man Symbiose.

Mesopelagial

Das Meer wird in verschiedene Zonen eingeteilt. Die Zone zwischen 200 und 1 000 Meter Tiefe nennt man Mesopelagial. In dieser Zone herrscht immer Dämmerung oder Zwielicht. Der Wechsel zwischen Tag und Nacht ist für die Lebewesen noch spürbar. Im Restlicht, das in die Tiefe eindringt, können Tiere ihre Beute erkennen.

An vielen Küsten lässt sich das Meeresleuchten beobachten. Für dieses Meeresleuchten sind einzellige Mikroorganismen im Plankton verantwortlich. Plankton sind winzige, im Meer schwebende Lebewesen, die sich selbst nur wenig bewegen. Vor allem sind es massenhaft auftretende Algen, die so genannten Dino–flagellaten, die das Meeresleuchten erzeugen. Warum Pilze, Algen oder Bakterien leuchten, ist noch nicht gänzlich erforscht. Man vermutet, dass sich die vielen, vielen einzelnen Algen oder Bakterien durch ihr Leuchten aufeinander abstimmen. Die Leuchtsignale funktionieren also wie eine Art biologische Uhr.

Warum glühen die Würmchen?

Eigentlich sind die Glühwürmchen keine Würmer, sondern Käfer. Diese kleinen Käfer sind nur acht bis zehn Millimeter groß und heißen mit ihrem biologischen Namen »Phausis Splendidula«. Das lateinische Wort »splendidus« bedeutet glanzvoll oder kostbar.

Auf der ganzen Welt gibt es ungefähr 2000 verschiedene Arten von diesen Leuchtkäfern. Bei Einbruch der Dämmerung werden sie aktiv. Alle Leuchtkäferarten leuchten verschieden. Manche andauernd, manche blinken in einem bestimmten Rhythmus und haben unterschiedliche Farben. So unterscheiden sich die Arten voneinander, können sich aber auch ganz genau an ihrem Leuchten erkennen.

Zwischen Ende Mai und Ende Juli kann man die leuchtenden Glühwürmchen beobachten. Die weiblichen Leuchtkäfer haben verkümmerte Flügel. Bei einbrechender Dunkelheit besteigen die Weibchen erhöhte Punkte und leuchten andauernd. Sie senden Lichtsignale aus, um die männlichen Leuchtkäfer anzulocken. Die männlichen Leuchtkäfer starten ihren Suchflug.

Die Leuchtorgane der weiblichen Leuchtkäfer sind weithin sichtbar. Sie sitzen an der Bauchseite des Hinterleibs und werden von den kurzen, stummeligen Flügeldecken nicht verdeckt. Die Leuchtsignale können die Leuchtkäfer ganz bewusst anmachen oder ausschalten, je nachdem, ob sie entdeckt werden möchten oder nicht. Manche weibliche Leuchtkäfer können die Leuchtsignale einer anderen Art nachmachen. So locken sie fremde Männchen an und verschlingen sie. Bei anderen Arten haben wiederum die männlichen Glühwürmchen Leuchtorgane.

Luziferin

Eine komplizierte biochemische Reaktion läuft in den Zellen der Glühwürmchen ab und erzeugt das Leuchten. In den Zellen wird durch einen Reiz der eigentliche Leucht-Stoff, das Luziferin, aktiviert. Dieses Luziferin verbindet sich mit Sauerstoff. Diesen Vorgang nennt man Oxidation. So entsteht das Licht. Verschiedene Tierarten haben verschiedene Luziferine. Fast 95% der Energie wird zu Licht umgewandelt. Das ist höchst effektiv, denn bei einer normalen Glühbirne gehen 95% der elektrischen Energie als Wärme verloren.

Das Leuchtorgan der Glühwürmchen erinnert an eine Taschenlampe. Eine Glühbirne liefert das Licht. Ein Reflektor bündelt das Licht. Eine durchsichtige Scheibe lässt das Licht nach außen dringen. Spezialisierte Zellen übernehmen alle diese Aufgaben. Salzkristalle in den Zellen der Reflektorschicht des Leuchtorgans verhindern, dass das Licht in den Körper hinein abgestrahlt wird. Durchsichtige Zellen auf der anderen Seite des Leuchtorgans lassen das Licht hinaus. In der Mitte sitzen die eigentlichen Leuchtzellen. Ihr spezieller Leuchtstoff heißt **Luziferin**.

Luzifer ist ein anderer Name für den Satan oder Teufel. Luzifer heißt auf lateinisch Lichtbringer oder Lichtträger und war in der römischen Mythologie der Morgenstern, der Sohn von Aurora, der Göttin der Morgenröte. Im Alten Testament wird ein in die Unterwelt gestürzter Engel als Sohn der Morgenröte bezeichnet. Und im Neuen Testament wird aus diesem gefallenen Engel dann Satan oder Teufel. So wurde aus dem Sohn der Morgenröte der biblische Satan, die Verkörperung des Bösen.

Was macht das Katzenauge in der Fahrradspeiche?

Katzenauge

Katzenaugen sind die Augen einer Katze. Katzenaugen sind Reflektoren im Straßenverkehr. Katzenaugen sind Edelsteine namens Chrysoberyll, die den Katzenaugeneffekt zeigen. Der Katzenaugeneffekt erinnert an die schlitzförmige Pupille der Katzen. Katzenauge (Cat's Eye) ist ein Buch des Horrorautors Stephen King, das verfilmt wurde.

Vielleicht hast du auch »**Katzenaugen**« auf deinem Fahrrad montiert oder an deinem Rucksack befestigt. Diese Katzenaugen sind Sicherheits-Katzenaugen. Wenn man am Abend mit dem Fahrrad fährt oder zu Fuß unterwegs ist, dann leuchten diese Katzenaugen. Die Oberfläche der Katzenaugen reflektiert das Licht. So ist man besser sichtbar für die anderen. Die Katzenaugen dienen der Sicherheit im Straßenverkehr. Ihren Namen haben sie von den Augen der Katze. Auch diese leuchten in der Nacht und sind als helle Punkte gut in der Dunkelheit erkennbar. Man findet solche Sicherheits-Katzenaugen nicht nur auf Fahrrädern, Scootern, Rucksäcken oder an der Kleidung, sondern auch auf den Leitplanken am Straßenrand und in steilen Kurven oder an den Leitpfosten. Hier sind die Katzenaugen sogar schon viel früher zum Einsatz gekommen als auf Fahrrädern.

Im Jahr 1934 hat der Engländer Percy Shaw diese Straßenreflektoren erfunden. Die reflektierenden Augen einer Katze hatten ihn vor einem Unfall in der Dunkelheit bewahrt. Das hat ihn auf die Idee gebracht, reflektierende Sicherheitsvorrichtungen für den Straßenverkehr zu entwickeln. Man nannte sie reflektierende Katzenaugen. Wirkliche Katzen haben eine reflektierende Schicht hinter der Netzhaut ihrer Augen. So können sie auch noch bei geringsten Lichtmengen sehr gut sehen und in der Nacht auf die Jagd gehen.

Die Sicherheits-Katzenaugen funktionieren anders als die wirklichen Katzenaugen. Sie bestehen aus Kunststoff oder aus Glas, und sie können weiß, gelb oder

Nicht nur am Fahrrad, sondern auch an Schuhen, an Kinderwägen oder an der Schultasche kann man solche Sicherheits-Katzenaugen befestigen

orange sein. Die Kunststoffoberfläche oder die Glasoberfläche hat ganz viele kleine pyramidenförmige Vertiefungen. Diese pyramidenförmigen Vertiefungen sind verspiegelt. Immer drei von diesen Spiegeln stehen zueinander senkrecht. Fällt Licht auf die Spiegel, so wird dieses Licht wieder zur Lichtquelle zurückgesandt. Das nennt man auch reflektieren. Durch diese Reflexion wirkt das Katzenauge viel heller als andere Dinge, auf die in der Dunkelheit das Licht fällt. Und deshalb ist man viel besser zu sehen, wenn man mit »Katzenaugen« in der Dunkelheit unterwegs ist.

Wer lässt die Ziegen am Himmel springen?

Um 350 vor Christus beobachtete der griechische Philosoph Aristoteles »springende Ziegen« am Himmel. Was Aristoteles damals gesehen hat, waren Polarlichter. Diese seltsam tanzenden flammenartigen Formen am Himmel, die rot, grün oder violett leuchten, entstehen durch den so genannten »Sonnenwind«. Von der Sonne gehen nicht nur Wärme und Licht aus, sondern auch der Sonnenwind, der aus elektrisch geladenen Teilchen besteht, die mit 300 bis 800 Stundenkilometern durchs Weltall sausen. Bis zu uns auf die Erdoberfläche kommt der Sonnenwind nicht. In 60 bis 500 Kilometer Höhe werden die elektrisch geladenen Teilchen vom Magnetfeld der Erde in Richtung Nordpol und in Richtung Südpol abgelenkt und die Luftmoleküle vom Sonnenwind zum Leuchten gebracht. So entstehen die eindrucksvollen und merkwürdigen Farben und Formen der Polarlichter. Polarlichter beim Nordpol heißen Nordlichter, Polarlichter in Südpolnähe Südlichter.

Im Jahr 1957 gab es sehr, sehr viele Polarlichter am Himmel zu sehen. Wie viele Polarlichter es gibt, das hängt von der Aktivität der Sonne ab. Die Sonne ist nicht immer gleich aktiv.

Sonnenflecken

Astrophysiker und Astrophysikerinnen sind Forscher und Forscherinnen, die sich mit den physikalischen Gegebenheiten im Weltraum beschäftigen. Sie beobachteten die Aktivität der Sonne und fanden heraus, dass es Jahre mit sehr vielen Sonnenflecken gibt und Jahre mit ganz wenigen Sonnenflecken. Alle 11,7 Jahre gibt es ein Maximum. Man spricht vom Sonnenfleckenzyklus. Ein Zyklus ist ein Kreislauf. Ereignisse, die regelmäßig wiederkehren so wie Tag und Nacht, die Mondphasen, die Jahreszeiten oder eben die Wiederkehr maximaler Sonnenfleckenaktivität sind zyklische Ereignisse.

Auf der Sonne gibt es die **Sonnenflecken**. Die Oberfläche der Sonne ist nämlich nicht überall gleich hell. Die Sonnenflecken sind riesig. Sie haben einen Durchmesser von 2 000 bis 50 000 Kilometern. Und diese Sonnenflecken sind extrem heiß und von starken Magnetfeldern begleitet. Wenn die Sonnenaktivität sehr hoch ist, dann kann man die Polarlichter nicht nur im hohen Norden beobachten, sondern auch bei uns. Während so einer maximalen Sonnenaktivitätsphase sind in Deutschland und Österreich ungefähr vier bis acht Polarlichter im Jahr zu sehen.

Polarlichter kann man ziemlich einfach beobachten. Sie ändern ständig ihre Form, sind nie statisch, sondern immer in Bewegung. Man kann Strahlen sehen oder Flecken, Zacken oder Kronen und auch die Farben ändern sich. Bei uns sind die Polarlichter meistens rötlich. Wenn es starke erdmagnetische Störungen gibt, dann können die Polarlichter aber auch bei uns eine andere Farbe annehmen, nämlich violett.

Diese rätselhaften Erscheinungen des Himmels haben die Menschen immer schon beschäftigt. Im antiken China glaubte man durch die Beobachtung der Polarlichter Fluten oder reiche Ernten vorhersagen zu können. Bei den Inuit und bei nordamerikanischen Indianern galten die tanzenden und flackernden Polarlichter als Tanz der Götter oder Geister am Himmel oder als Kommunikation toter Krieger mit den Menschen. Im Mittelalter glaubten die Menschen in Skandinavien und in Mitteleuropa, dass die Nordlichter schreckliche Ereignisse bedeuten, wie Kriege, Hungersnöte oder Seuchen.

Vom Regenbogen über die Osram-Glühbirne, von der Autobeleuchtung bis zum Schaubergwerk, von der Gaslaterne bis zum Disco-Stroboskop, all dies und noch viele weitere Objekte und Experimente zum Thema »Licht« kann man in den Schausammlungen des Technischen Museums Wien entdecken. So vertraut uns allen das Licht ist, mit so unterschiedlichen Wissensgebieten und Alltagserfahrungen hat es zu tun. Als Naturphänomen hat die Erforschung des Lichts einen zentralen Platz in der Wissenschaftsgeschichte von Isaac Newton bis Albert Einstein. Als ständig in Entwicklung begriffener Alltagsbegleiter zeigt uns der Umgang mit dem Licht wie wir sehen, beleuchten und beleuchtet werden.

Dank

Mein Dank gilt Barbara Pilz für die Einladung, dieses Kinderbuch über »Licht« zu schreiben, für ihre Begeisterung für das Projekt, ihr ständiges zur Seite stehen mit Rat und Tat und ihre engagierte Kommunikation mit allen Beteiligten im Technischen Museum Wien sowie mit dem Verlag.

Ich bedanke mich bei Gabriele Zuna-Kratky, der Direktorin des Technischen Museums Wien, dass sie die Idee zu einem Kinderbuch über Licht unterstützt und diese Publikation möglich gemacht hat.

Bei Lisa Noggler-Gürtler, der Projektleiterin des im Oktober 2005 eröffneten Schausammlungsbereichs »Alltag – eine Gebrauchsanweisung« bedanke ich mich für erhellende Einblicke in Konzeption und Entstehung der neuen Ausstellung, die sich zentral mit der Geschichte des Beleuchtens auseinandersetzt. Bei Peter Donhauser bedanke ich mich für kritische Durchsicht des Manuskripts sowie für Verbesserungsvorschläge. Hubert Weitensfelder und Helmut Lackner haben ebenfalls kritisch das Manuskript gelesen, wofür ich mich bedanke. Von Lisa Noggler-Gürtler, Hermann Tragner, Beatrix Hain, Wolfgang Tobisch und Barbara Pilz stammt das Grundkonzept des Licht-Buchs. Recherchen haben Doris Binder und Anna Masoner im Rahmen des Forschungsseminars des Instituts für Geschichte mit dem Technischen Museum Wien gemacht.

Bei Gudrun Schach, die bei Zumtobel Staff tätig ist, bedanke ich mich für ein informatives und ausführliches Gespräch über den Arbeitsalltag einer Lichtplanerin und bei Thomas F. Sandri »Technik für Kunstwerke« für Informationen über Licht im Theater.

Mein Dank gilt der Kinderbuch-Programmleiterin Natalie Tornai des NP Buchverlags für ihre anspornende Begleitung des Projekts, Sybille Hein für ihr intuitives Verstehen der Illustrationswünsche und Moidi Kretschmann für ihre gelungenen technischen Illustrationen. Dank auch an Ulrike Faber für die grafische Gestaltung und an Perndl+Co für technische Schemata.

Ich bedanke mich bei meiner Familie für viele Lichtblicke: Alexander Schuh danke ich für seine Fotografien alltäglicher Lichtsituationen, meinen Kindern Yamna und Yona für einen unheimlich spannenden Ausflug ins Bergwerk des Technischen Museums Wien und bei Yaron für unermüdliches abendliches Ausschalten aller Lichter.

Elke Krasny

Hier einige Links, auf denen du mehr zum Thema Licht finden kannst:

www.wikipedia.de
www.faszinationlicht.de
Kinderuniversität:
www.kinderuni.at
www.uni-tuebingen.de/kinderuni
www.zzzebra.de
www.technischesmuseum.at

Bildnachweis
Sybille Hein: Umschlag, 2, 6, 12, 14, 18, 40, 43, 52, 55 unten, 68, 74, 82, 90, 94, 102
Technisches Museum Wien, Peter Sedlaczek: 7, 55 oben, 89 unten
Moidi Kretschmann: 9, 16, 17, 26, 27, 48, 62, 70, 76, 88, 89 oben, 93
Technisches Museum Wien, Archiv: 10, 20, 21, 28, 31, 32, 33, 34, 35, 37, 39 oben, 47, 48, 49, 50, 51 oben, 58, 61, 64, 65, 71, 77, 80, 81, 84, 92
Perndl+Co: 8, 36, 51 unten, 56, 72, 85
Alexander Schuh: 38, 39 unten, 42, 46, 59, 73, 105

Das Technische Museum Wien

Das Museum bietet bei einem Besuch auf einer Fläche von etwa 22.000 m^2 Raum für interessante Einblicke in die Welt der Technik. Durch einzigartige Exponate von der Vergangenheit bis in die unmittelbare Gegenwart wird das Haus zum Schauplatz spannender technischer Entwicklungen. Objektaufnahmen, Themen und Archivstücke aus dem Technischen Museum Wien ziehen sich wie ein roter Faden durch das Buch.

Fischer Schatzinsel
www.fischerschatzinsel.de

Veröffentlicht im Fischer Taschenbuch Verlag,
einem Unternehmen der S. Fischer Verlag GmbH,
Frankfurt am Main, September 2007

Lizenzausgabe mit freundlicher Genehmigung des Residenz Verlags

Druck und Bindung: Ebner & Spiegel, Ulm
Printed in Germany · ISBN 978-3-596-80710-9

Nach den Regeln der neuen Rechtschreibung